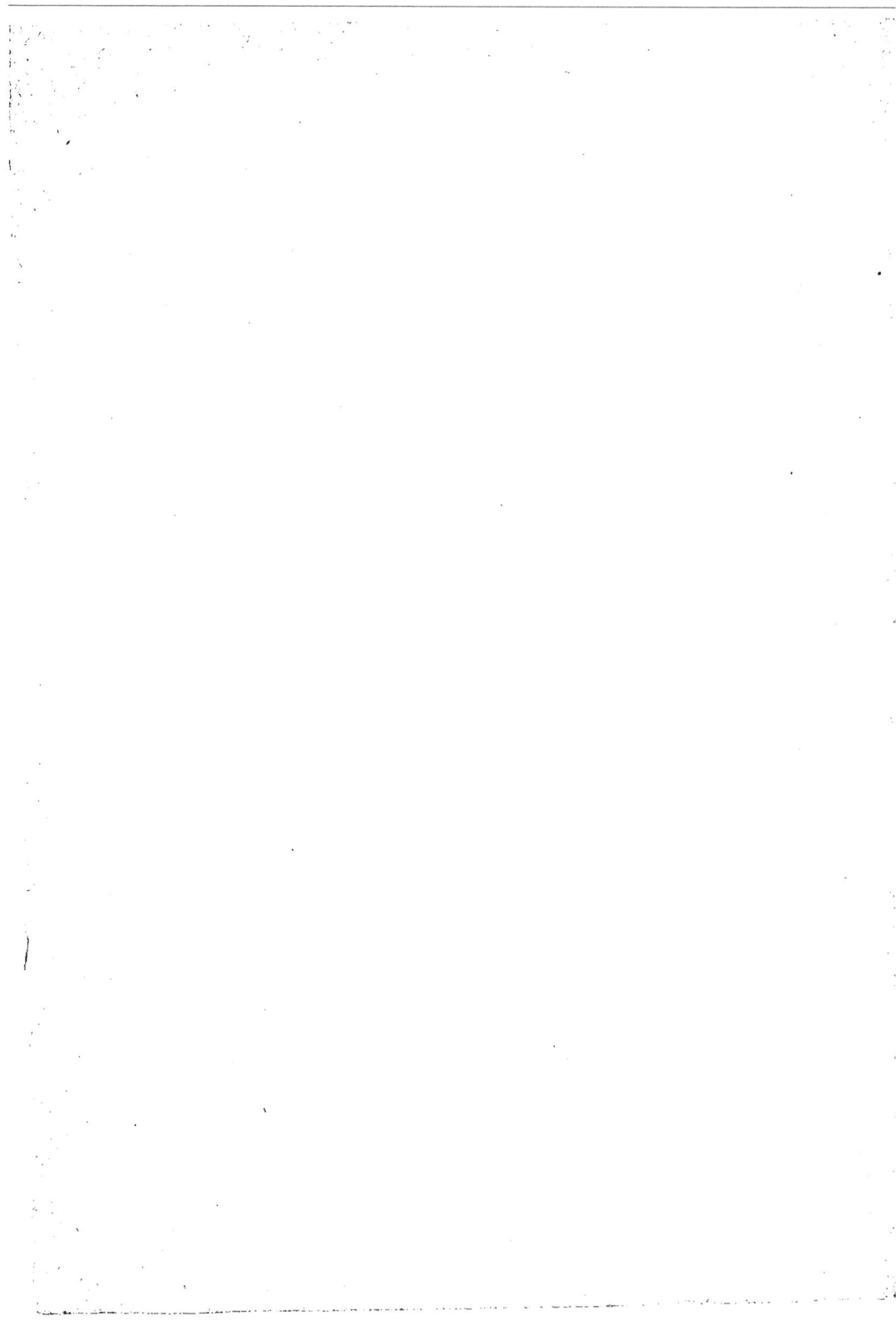

RECUEIL DE TABLES,

POUR

FACILITER LA COMPARAISON

DES POIDS ET MESURES

DU NOUVEAU SYSTÈME

AVEC LES POIDS ET MESURES

CI-DEVANT EN USAGE À PARIS;

Publié par ordre du MINISTRE DE L'INTÉRIEUR.

———————

A PARIS,

DE L'IMPRIMERIE IMPÉRIALE.

Mars 1806.

AVERTISSEMENT.

Les Tables de comparaison entre les anciennes et les nouvelles mesures, publiées en l'an 9, contiennent les bases essentielles pour faire, au moyen de simples additions, la réduction de toutes sortes de quantités de mesures anciennes en nouvelles, ou réciproquement. Mais les nombres de ces Tables ne vont que depuis 1 jusqu'à 9; et lorsqu'on a de plus grandes quantités à réduire, il faut donner aux chiffres que présentent ces Tables une valeur dix fois, cent fois, mille fois plus grande, en transportant le point décimal, ce qui est embarrassant pour les personnes peu accoutumées à ces sortes d'opérations. La forme de ces tables exige d'ailleurs l'addition d'autant de nombres différens qu'il y a de chiffres dans celui dont on veut faire la réduction : en sorte, par exemple, que si l'on veut savoir quelle est, en mètres, la valeur de 524 toises, il faut prendre d'abord la valeur de 5 toises, qui est 9.74518, multiplier ce nombre par 100, en transportant le point décimal à deux places plus loin vers la droite, ce qui en

Mètres.

fait, ci 974.518

Prendre ensuite la valeur de 2 toises, qui est 3.89807,
   la décupler en transportant le point décimal à une
   place plus loin vers la droite, ce qui en fait. . . . . ,.   38.9807
Prendre après cela la valeur de 4 toises, qui est. 7.79615

Enfin ajouter ces trois nombres, dont la somme est. . . .   1021.29485
   Mais comme dans ce résultat le nombre de chiffres décimaux est plus grand qu'il ne faut pour les usages ordinaires, on en peut supprimer une partie, et le réduire à 1021.^{m}29, ou même à 1021.^{m}3.

   Ces opérations ne sont pas difficiles pour quiconque a l'habitude du calcul décimal. Mais les personnes attachées à l'administration publique, et occupées d'objets importans, ont souvent besoin de voir d'un coup-d'œil le résultat de la transformation des nouvelles mesures en anciennes, ou

A 2

réciproquement; c'est pour leur épargner, autant qu'il est possible, des calculs superflus, qu'on a dressé les Tables suivantes.

Ces Tables ont, sur les premières, l'avantage de n'exiger dans aucun cas la transposition du point décimal; ce qui est un embarras et une source d'erreurs de moins. Elles donnent immédiatement la valeur d'une quantité de mesures anciennes en nouvelles, ou réciproquement, lorsque le nombre qui exprime cette quantité n'est pas composé de plus de deux chiffres; ce qui est le cas le plus fréquent. Enfin elles ne donnent, dans les résultats, qu'un petit nombre de décimales, et les fractions des mesures anciennes y sont exprimées suivant les anciennes sous-divisions.

L'usage de ces Tables est fort simple, comme on en va juger par quelques exemples.

Premier Exemple. On demande quelle est en mètres et millièmes de mètre, la valeur de 27 toises.

Cherchez dans la Table n.º 4 des mesures de longueur, le nombre correspondant à 27; vous aurez, pour la valeur demandée, 52.ᵐ 624, c'est-à-dire, 52 mètres 624 millièmes.

Deuxième Exemple. On demande quelle est en toises, pieds, pouces et lignes, la valeur de 75 mètres.

Cherchez dans la Table n.º 5 des mesures de longueur, le nombre correspondant à 75; vous trouverez 38 toises, 2 pieds, 10 pouces, 7 lignes.

Troisième Exemple. Il s'agit de convertir en hectares 128 arpens des eaux et forêts.

	Hect.	Arcs.	Cent.
Prenez dans la Table n.º 1.ᵉʳ des mesures agraires, la valeur de 100 arpens, qui est ci........................	51.	07.	20
Puis celle de 28, qui est ci........................	14.	30.	02
Faites l'addition, vous aurez pour la quantité cherchée....	65.	37.	22

Quatrième Exemple. On demande quelle est, en poids nouveaux, la valeur de 3456 livres, ancien poids de marc.

Prenez dans la Table n.º 1 des poids,

                                                                        Kilog.

1.º La valeur de 3000 livres, qui est ci............ 1468.518

2.º Celle de 400 livres, qui est ci................ 195.802

3.º Celle de 56 livres, qui est ci......:........... 27.412

L'addition faite, vous aurez pour la valeur cherchée...... 1691.732 nombre duquel, suivant les cas, on peut supprimer une ou deux décimales, et même les trois, s'il s'agit d'avoir des nombres ronds. On aurait alors 1692 kilogrammes.

Cinquième Exemple. Veut-on convertir en poids nouveaux une quantité de 8 onces 5 gros 64 grains?

On prendra dans la même Table,

                                                                      Grammes

Pour 8 onces.............................. 244.753

Pour 6 gros.............................. 22.946

Pour 64 grains.......................... 3.399

La valeur cherchée sera........................ 271.098 ou, à très-peu près, 271 grammes et un dixième.

Sixième Exemple. Il s'agit de réduire en poids anciens 32 kilogrammes et 56 centièmes.

Prenez dans la Table n.º 2 des poids,

	Liv.	Onc.	Gros.	Grains.
1.º La valeur de 32 kilogrammes, qui est ci.....	65.	5.	7.	45.
2.º Celle de 56 centièmes, qui est ci..........	1.	2.	2.	31.
La valeur cherchée sera......................	66.	8.	2.	4.

OBSERVATION.

Il est à propos d'observer ici que toutes les fois qu'on n'aura pas besoin d'une exactitude rigoureuse, on pourra supprimer les fractions superflues; mais cela doit avoir lieu particulièrement lorsqu'il ne sera question que de réduire des quantités approximatives. Dans ce cas, on doit toujours arrondir les nombres.

Ainsi, par exemple, s'il était question de réduire en poids nouveaux une quantité déterminée approximativement en poids anciens à 300 livres, il ne faudrait pas l'exprimer ainsi : 146.^{k}852 ; car, de même que pour arrondir le nombre des livres on a peut-être négligé 3, 4 ou 5 livres, on peut fort bien aussi, non-seulement négliger les fractions de kilogramme, mais même arrondir le nombre des kilogrammes, et au lieu de 146.^{k}852, mettre 146 ou 147 kilogrammes ; quelquefois même en nombre encore plus rond, 150 kilogrammes. Mais, dans ce dernier cas, on n'aurait pas besoin de tables, et il faudrait compter simplement un kilogramme pour deux livres.

De même, s'il était question d'évaluer en mesures anciennes une quantité de 100 mètres cubes, il ne faudrait pas donner pour valeur en toises cubes 13.50642 ou 13 toises cubes 3$^{tt\,pi}$ 0$^{tt\,pou}$ 5$^{tt\,li}$ 7$^{tt\,poi}$; mais, en arrondissant ces quantités, on dirait simplement 13 toises cubes, ou peut-être 13$^t\frac{1}{2}$.

MESURES
DE LONGUEUR.

N.º I.

TABLE pour réduire les Aunes en Mètres et Centimètres.

AUNES.	Mètres. Centimét.	AUNES.	Mètres. Centimét.	AUNES.	Mètres. Centimét.	AUNES.	Mètres. Centim.	PARTIES de l'Aune	Centimètres.
1.	1. 19	34.	40. 41	67.	79. 63	100.	118. 84	SEIZIÈMES.	
2.	2. 38	35.	41. 60	68.	80. 81	200.	237. 69	1.	7
3.	3. 57	36.	42. 78	69.	82. 00	300.	356. 53	2 ou $\frac{1}{8}$	15
4.	4. 75	37.	43. 97	70.	83. 19	400.	475. 38	3.	22
5.	5. 94	38.	45. 16	71.	84. 38	500.	594. 22	4 ou $\frac{1}{4}$	30
6.	7. 13	39.	46. 35	72.	85. 57	600.	713. 07	5.	37
7.	8. 32	40.	47. 54	73.	86. 76	700.	831. 91	6 ou $\frac{3}{8}$	45
8.	9. 51	41.	48. 73	74.	87. 94	800.	950. 76	7.	52
9.	10. 70	42.	49. 91	75.	89. 13	900.	1069. 60	8 ou $\frac{1}{2}$	59
10.	11. 88	43.	51. 10	76.	90. 32	1000.	1188. 45	9.	67
11.	13. 07	44.	52. 29	77.	91. 51	2000.	2376. 89	10 ou $\frac{5}{8}$	74
12.	14. 26	45.	53. 48	78.	92. 70	3000.	3565. 34	11.	82
13.	15. 45	46.	54. 67	79.	93. 89	4000.	4753. 78	12 ou $\frac{3}{4}$	89
14.	16. 64	47.	55. 86	80.	95. 08	5000.	5942. 23	13.	97
15.	17. 83	48.	57. 05	81.	96. 26	6000.	7130. 67	14 ou $\frac{7}{8}$	104
16.	19. 02	49.	58. 23	82.	97. 45	7000.	8319. 12	15.	111
17.	20. 20	50.	59. 42	83.	98. 64	8000.	9507. 56	DOUZIÈMES.	
18.	21. 39	51.	60. 61	84.	99. 83	9000.	10696. 01	1.	10
19.	22. 58	52.	61. 80	85.	101. 02	10000.	11884. 45	2 ou $\frac{1}{6}$	20
20.	23. 77	53.	62. 99	86.	102. 21			3 ou $\frac{1}{4}$	30
21.	24. 96	54.	64. 18	87.	103. 39			4 ou $\frac{1}{3}$	40
22.	26. 15	55.	65. 36	88.	104. 58			5.	50
23.	27. 33	56.	66. 55	89.	105. 77			6 ou $\frac{1}{2}$	59
24.	28. 52	57.	67. 74	90.	106. 96			7.	69
25.	29. 71	58.	68. 93	91.	108. 15			8 ou $\frac{2}{3}$	79
26.	30. 90	59.	70. 12	92.	109. 34			9 ou $\frac{3}{4}$	89
27.	32. 09	60.	71. 31	93.	110. 53			10 ou $\frac{5}{6}$	99
28.	33. 28	61.	72. 50	94.	111. 71			11.	109
29.	34. 46	62.	73. 68	95.	112. 90				
30.	35. 65	63.	74. 87	96.	114. 09				
31.	36. 84	64.	76. 06	97.	115. 28				
32.	38. 03	65.	77. 25	98.	116. 47				
33.	39. 22	66.	78. 44	99.	117. 66				

MESURES
DE LONGUEUR.

N.º 2.

TABLE pour réduire les Mètres en Aunes.

MÈTRES.	AUNES.	MÈTRES.	AUNES.	MÈTRES.	AUNES.	MÈTRES.	AUNES.	Centimètres.	PARTIES de l'Aune.
1.	0. 84	34.	28. 61	67.	56. 38	100.	84. 14	7.	1/16
2.	1. 68	35.	29. 45	68.	57. 22	200.	168. 29	10.	1/11
3.	2. 52	36.	30. 29	69.	58. 06	300.	252. 43	15.	1/8
4.	3. 37	37.	31. 13	70.	58. 90	400.	336. 57	20.	1/6
5.	4. 21	38.	31. 97	71.	59. 74	500.	420. 72	22.	3/16
6.	5. 05	39.	32. 82	72.	60. 58	600.	504. 86	30.	1/4
7.	5. 89	40.	33. 66	73.	61. 42	700.	589. 00	37.	1/3
8.	6. 73	41.	34. 50	74.	62. 27	800.	673. 15	40.	1/3
9.	7. 57	42.	35. 34	75.	63. 11	900.	757. 29	45.	3/8
10.	8. 41	43.	36. 18	76.	63. 95	1000.	841. 44	50.	1/11
11.	9. 26	44.	37. 02	77.	64. 79	2000.	1682. 87	52.	7/16
12.	10. 10	45.	37. 86	78.	65. 63	3000.	2524. 31	59.	1/2
13.	10. 94	46.	38. 71	79.	66. 47	4000.	3365. 74	67.	9/16
14.	11. 78	47.	39. 55	80.	67. 31	5000.	4207. 18	69.	7/11
15.	12. 62	48.	40. 39	81.	68. 16	6000.	5048. 61	74.	5/8
16.	13. 46	49.	41. 23	82.	69. 00	7000.	5890. 05	79.	2/3
17.	14. 30	50.	42. 07	83.	69. 84	8000.	6731. 48	82.	11/16
18.	15. 15	51.	42. 91	84.	70. 68	9000.	7572. 92	89.	3/4
19.	15. 99	52.	43. 75	85.	71. 52	10000.	8414. 35	97.	11/16
20.	16. 83	53.	44. 60	86.	72. 36			99.	1/2
21.	17. 67	54.	45. 44	87.	73. 20				
22.	18. 51	55.	46. 28	88.	74. 05				
23.	19. 35	56.	47. 12	89.	74. 89				
24.	20. 19	57.	47. 96	90.	75. 73				
25.	21. 04	58.	48. 80	91.	76. 57				
26.	21. 88	59.	49. 64	92.	77. 41				
27.	22. 72	60.	50. 49	93.	78. 25				
28.	23. 56	61.	51. 33	94.	79. 09				
29.	24. 40	62.	52. 17	95.	79. 94				
30.	25. 24	63.	53. 01	96.	80. 78				
31.	26. 08	64.	53. 85	97.	81. 62				
32.	26. 93	65.	54. 69	98.	82. 46				
33.	27. 77	66.	55. 53	99.	83. 30				

MESURES DE LONGUEUR.

N.° 3.

TABLE pour réduire les anciennes Mesures de longueur en Mètres et millièmes de Mètre.

LIGNES.	Mètres. Milli.	PIEDS.	Mètres. Milli.	PIEDS.	Mètres. Milli.	PIEDS.	Mètres. Milli.
1.	0. 002	13.	4. 223	49.	15. 917	85.	27. 611
2.	0. 005	14.	4. 548	50.	16. 242	86.	27. 936
3.	0. 007	15.	4. 873	51.	16. 567	87.	28. 261
4.	0. 009	16.	5. 197	52.	16. 892	88.	28. 586
5.	0. 011	17.	5. 522	53.	17. 216	89.	28. 911
6.	0. 014	18.	5. 847	54.	17. 541	90.	29. 236
7.	0. 016	19.	6. 172	55.	17. 866	91.	29. 560
8.	0. 018	20.	6. 497	56.	18. 191	92.	29. 885
9.	0. 020	21.	6. 822	57.	18. 516	93.	30. 210
10.	0. 023	22.	7. 146	58.	18. 841	94.	30. 535
11.	0. 025	23.	7. 471	59.	19. 166	95.	30. 860
POUCES.		24.	7. 796	60.	19. 490	96.	31. 185
1.	0. 027	25.	8. 121	61.	19. 815	97.	31. 509
2.	0. 054	26.	8. 446	62.	20. 140	98.	31. 834
3.	0. 081	27.	8. 771	63.	20. 465	99.	32. 159
4.	0. 108	28.	9. 096	64.	20. 790	100.	32. 484
5.	0. 135	29.	9. 420	65.	21. 115	200.	64. 968
6.	0. 162	30.	9. 745	66.	21. 439	300.	97. 452
7.	0. 189	31.	10. 070	67.	21. 764	400.	129. 936
8.	0. 217	32.	10. 395	68.	22. 089	500.	162. 420
9.	0. 244	33.	10. 720	69.	22. 414	600.	194. 904
10.	0. 271	34.	11. 045	70.	22. 739	700.	227. 388
11.	0. 298	35.	11. 369	71.	23. 064	800.	259. 872
PIEDS.		36.	11. 694	72.	23. 388	900.	292. 355
1.	0. 325	37.	12. 019	73.	23. 713	1000.	324. 839
2.	0. 650	38.	12. 344	74.	24. 038	2000.	649. 679
3.	0. 975	39.	12. 669	75.	24. 363	3000.	974. 518
4.	1. 299	40.	12. 994	76.	24. 688	4000.	1299. 358
5.	1. 624	41.	13. 318	77.	25. 013	5000.	1624. 197
6.	1. 949	42.	13. 643	78.	25. 337	6000.	1949. 036
7.	2. 274	43.	13. 968	79.	25. 662	7000.	2273. 876
8.	2. 599	44.	14. 293	80.	25. 987	8000.	2598. 715
9.	2. 924	45.	14. 618	81.	26. 312	9000.	2923. 554
10.	3. 248	46.	14. 943	82.	26. 637	10000.	3248. 394
11.	3. 573	47.	15. 267	83.	26. 962		
12.	3. 898	48.	15. 592	84.	27. 287		

B

MESURES DE LONGUEUR.

N.° 4.

TABLE pour réduire les anciennes Mesures de longueur en Mètres et millièmes de Mètre.

TOISES.	Mètres. Milli.	TOISES.	Mètres. Milli.	TOISES.	Mètres. Milli.	TOISES.	Mètres. Milli.
1.	1. 949	34.	66. 267	67.	130. 585	100.	194. 904
2.	3. 898	35.	68. 216	68.	132. 534	200.	389. 807
3.	5. 847	36.	70. 165	69.	134. 484	300.	584. 711
4.	7. 796	37.	72. 114	70.	136. 433	400.	779. 615
5.	9. 745	38.	74. 063	71.	138. 382	500.	974. 518
6.	11. 694	39.	76. 012	72.	140. 331	600.	1169. 422
7.	13. 643	40.	77. 961	73.	142. 280	700.	1364. 325
8.	15. 592	41.	79. 910	74.	144. 229	800.	1559. 229
9.	17. 541	42.	81. 860	75.	146. 178	900.	1754. 133
10.	19. 490	43.	83. 809	76.	148. 127	1000.	1949. 036
11.	21. 439	44.	85. 758	77.	150. 076	2000.	3898. 073
12.	23. 388	45.	87. 707	78.	152. 025	3000.	5847. 109
13.	25. 337	46.	89. 656	79.	153. 974	4000.	7796. 145
14.	27. 287	47.	91. 605	80.	155. 923	5000.	9745. 182
15.	29. 236	48.	93. 554	81.	157. 872	6000.	11694. 218
16.	31. 185	49.	95. 503	82.	159. 821	7000.	13643. 254
17.	33. 134	50.	97. 452	83.	161. 770	8000.	15592. 290
18.	35. 083	51.	99. 401	84.	163. 719	9000.	17541. 327
19.	37. 032	52.	101. 350	85.	165. 668	10000.	19490. 363
20.	38. 981	53.	103. 299	86.	167. 617	20000.	38980. 726
21.	40. 930	54.	105. 248	87.	169. 566	30000.	58471. 089
22.	42. 879	55.	107. 197	88.	171. 515	40000.	77961. 452
23.	44. 828	56.	109. 146	89.	173. 464	50000.	97451. 816
24.	46. 777	57.	111. 095	90.	175. 413	60000.	116942. 179
25.	48. 726	58.	113. 044	91.	177. 362	70000.	136432. 542
26.	50. 675	59.	114. 993	92.	179. 311	80000.	155922. 905
27.	52. 624	60.	116. 942	93.	181. 260	90000.	175413. 268
28.	54. 573	61.	118. 891	94.	183. 209	100000.	194903. 631
29.	56. 522	62.	120. 840	95.	185. 158		
30.	58. 471	63.	122. 789	96.	187. 107		
31.	60. 420	64.	124. 738	97.	189. 057		
32.	62. 369	65.	126. 687	98.	191. 006		
33.	64. 318	66.	128. 636	99.	192. 955		

MESURES
DE LONGUEUR.

N.° 5.

TABLE pour réduire les Mètres et Centimètres en Toises, Pieds, Pouces et Lignes.

	MÈTRES				CENTIMÈTRES				MÈTRES				CENTIMÈTRES		
	Toises	Pieds	Pouc.	Lign.	Pieds	Pouce	Lignes		Toises	Pieds	Pouce.	Lign.	Pieds	Pouces	Lignes
1.	0	3	0	11	0	0	1	51.	26	1	0	0	1	6	10
2.	1	0	1	11	0	0	9	52.	26	4	0	11	1	7	3
3.	1	3	2	10	0	1	1	53.	27	1	1	11	1	7	7
4.	2	0	3	9	0	1	6	54.	27	4	2	10	1	7	11
5.	2	3	4	8	0	1	10	55.	28	1	3	9	1	8	4
6.	3	0	5	8	0	2	3	56.	28	4	4	9	1	8	8
7.	3	3	6	7	0	2	7	57.	29	1	3	8	1	9	1
8.	4	0	7	6	0	2	11	58.	29	4	6	7	1	9	5
9.	4	3	8	6	0	3	4	59.	30	1	7	6	1	9	10
10.	5	0	9	5	0	3	8	60.	30	4	8	6	1	10	2
11.	5	3	10	4	0	4	1	61.	31	1	9	5	1	10	6
12.	6	0	11	4	0	4	5	62.	31	4	10	4	1	10	11
13.	6	4	0	3	0	4	10	63.	32	1	11	4	1	11	3
14.	7	1	1	2	0	5	2	64.	32	5	0	3	1	11	8
15.	7	4	2	1	0	5	6	65.	33	2	1	2	2	0	0
16.	8	1	3	1	0	5	11	66.	33	5	2	2	2	0	5
17.	8	4	4	0	0	6	3	67.	34	2	3	1	2	0	9
18.	9	1	4	11	0	6	8	68.	34	5	4	0	2	1	1
19.	9	4	5	11	0	7	0	69.	35	2	5	0	2	1	6
20.	10	1	6	10	0	7	5	70.	35	5	5	11	2	1	10
21.	10	4	7	9	0	7	9	71.	36	2	6	10	2	2	3
22.	11	1	8	9	0	8	2	72.	36	5	7	9	2	2	7
23.	11	4	9	8	0	8	6	73.	37	2	8	9	2	3	0
24.	12	1	10	7	0	8	10	74.	37	5	9	8	2	3	4
25.	12	4	11	6	0	9	3	75.	38	2	10	7	2	3	8
26.	13	2	0	6	0	9	7	76.	38	5	11	6	2	4	1
27.	13	5	1	5	0	10	0	77.	39	3	0	6	2	4	5
28.	14	2	2	4	0	10	4	78.	40	0	1	5	2	4	10
29.	14	5	3	4	0	10	9	79.	40	3	2	4	2	5	2
30.	15	2	4	3	0	11	1	80.	41	0	3	4	2	5	7
31.	15	5	5	2	0	11	5	81.	41	3	4	3	2	5	11
32.	16	2	6	2	0	11	10	82.	42	0	5	2	2	6	3
33.	16	5	7	1	1	0	2	83.	42	3	6	2	2	6	8
34.	17	2	8	0	1	0	7	84.	43	0	7	1	2	7	0
35.	17	5	9	0	1	0	11	85.	43	3	8	0	2	7	5
36.	18	2	9	11	1	1	4	86.	44	0	9	0	2	7	9
37.	18	5	10	10	1	1	8	87.	44	3	9	11	2	8	2
38.	19	2	11	9	1	2	0	88.	45	0	10	10	2	8	6
39.	20	0	0	9	1	2	5	89.	45	3	11	9	2	8	11
40.	20	3	1	8	1	2	9	90.	46	1	0	9	2	9	3
41.	21	0	2	7	1	3	2	91.	46	4	1	8	2	9	7
42.	21	3	3	6	1	3	6	92.	47	1	2	7	2	10	0
43.	22	0	4	6	1	3	11	93.	47	4	3	7	2	10	4
44.	22	3	5	5	1	4	3	94.	48	1	4	6	2	10	9
45.	23	0	6	4	1	4	7	95.	48	4	5	5	2	11	1
46.	23	3	7	4	1	5	0	96.	49	1	6	5	2	11	6
47.	24	0	8	3	1	5	4	97.	49	4	7	4	2	11	10
48.	24	3	9	2	1	5	9	98.	50	1	8	3	3	0	2
49.	25	0	10	1	1	6	1	99.	50	4	9	2	3	0	7
50.	25	3	11	1	1	6	6	100.	51	1	10	2	3	0	11

Suite de la *TABLE pour réduire les Mètres en Toises, Pieds, Pouces et Lignes.*

	MÈTRES.						MÈTRES.			
	Toises.	Pieds.	Pouces.	Lignes.			Toises.	Pieds.	Pouces.	Lignes.
200.	102...	3...	8...	3		7000.	3591...	3...	1...	4
300.	153...	5...	6...	5		8000.	4104...	3...	6...	8
400.	205...	1...	4...	6		9000.	4617...	4...	0...	0
500.	256...	3...	2...	8		10000.	5130...	4...	5...	4
600.	307...	5...	0...	10		20000.	10261...	2...	10...	8
700.	359...	0...	10...	11		30000.	15392...	1...	4...	0
800.	410...	2...	9...	1		40000.	20522...	5...	9...	4
900.	461...	4...	7...	2		50000.	25653...	4...	2...	8
1000.	513...	0...	5...	4		60000.	30784...	2...	8...	0
2000.	1026...	0...	10...	8		70000.	35915...	1...	1...	4
3000.	1539...	1...	4...	0		80000.	41045...	5...	6...	8
4000.	2052...	1...	9...	4		90000.	46176...	4...	0...	0
5000.	2565...	2...	2...	8		100000.	51307...	2...	5...	4
6000.	3078...	2...	8...	0		200000.	102614...	4...	10...	8

MESURES
ITINÉRAIRES.

N.° 1.

TABLE pour réduire les Myriamètres en Lieues anciennes.

MYRIAM.	Petites LIEUES de 2000 Toises.	LIEUES communes de 25 au Degré.	LIEUES marines de 20 au Degré.	MYRIAM.	Petites LIEUES de 2000 Toises.	LIEUES communes de 25 au Degré.	LIEUES marines de 20 au Degré.	MYRIAM.	Petites LIEUES de 2000 Toises.	LIEUES communes de 25 au Degré.	LIEUES marines de 20 au Degré.
1.	2.57	2.25	1.8	41.	105.18	92.25	73.8	81.	207.80	182.25	145.8
2.	5.13	4.50	3.6	42.	107.75	94.50	75.6	82.	210.36	184.50	147.6
3.	7.70	6.75	5.4	43.	110.31	96.75	77.4	83.	212.93	186.75	149.4
4.	10.26	9.00	7.2	44.	112.88	99.00	79.2	84.	215.50	189.00	151.2
5.	12.83	11.25	9.0	45.	115.44	101.25	81.0	85.	218.06	191.25	153.0
6.	15.39	13.50	10.8	46.	118.01	103.50	82.8	86.	220.63	193.50	154.8
7.	17.96	15.75	12.6	47.	120.57	105.75	84.6	87.	223.19	195.75	156.6
8.	20.52	18.00	14.4	48.	123.14	108.00	86.4	88.	225.76	198.00	158.4
9.	23.09	20.25	16.2	49.	125.71	110.25	88.2	89.	228.32	200.25	160.2
10.	25.65	22.50	18.0	50.	128.27	112.50	90.0	90.	230.89	202.50	162.0
11.	28.22	24.75	19.8	51.	130.84	114.75	91.8	91.	233.45	204.75	163.8
12.	30.79	27.00	21.6	52.	133.40	117.00	93.6	92.	236.02	207.00	165.6
13.	33.35	29.25	23.4	53.	135.97	119.25	95.4	93.	238.58	209.25	167.4
14.	35.92	31.50	25.2	54.	138.53	121.50	97.2	94.	241.15	211.50	169.2
15.	38.48	33.75	27.0	55.	141.10	123.75	99.0	95.	243.71	213.75	171.0
16.	41.05	36.00	28.8	56.	143.66	126.00	100.8	96.	246.28	216.00	172.8
17.	43.61	38.25	30.6	57.	146.23	128.25	102.6	97.	248.85	218.25	174.6
18.	46.18	40.50	32.4	58.	148.79	130.50	104.4	98.	251.41	220.50	176.4
19.	48.74	42.75	34.2	59.	151.36	132.75	106.2	99.	253.97	222.75	178.2
20.	51.31	45.00	36.0	60.	153.93	135.00	108.0	100.	256.54	225.	180.
21.	53.87	47.25	37.8	61.	156.49	137.25	109.8	200.	513.07	450.	360.
22.	56.44	49.50	39.6	62.	159.06	139.50	111.6	300.	769.62	675.	540.
23.	59.00	51.75	41.4	63.	161.62	141.75	113.4	400.	1026.15	900.	720.
24.	61.57	54.00	43.2	64.	164.19	144.00	115.2	500.	1282.69	1125.	900.
25.	64.14	56.25	45.0	65.	166.75	146.25	117.0	600.	1539.22	1350.	1080.
26.	66.70	58.50	46.8	66.	169.32	148.50	118.8	700.	1795.76	1575.	1260.
27.	69.27	60.75	48.6	67.	171.88	150.75	120.6	800.	2052.30	1800.	1440.
28.	71.83	63.00	50.4	68.	174.45	153.00	122.4	900.	2308.83	2025.	1620.
29.	74.40	65.25	52.2	69.	177.01	155.25	124.2	1000.	2565.37	2250.	1800.
30.	76.96	67.50	54.0	70.	179.58	157.50	126.0	KILOMÈT. ou 10.ᵉ de Myria.			
31.	79.53	69.75	55.8	71.	182.14	159.75	127.8	1.	....	0.225	1/4
32.	82.09	72.00	57.6	72.	184.71	162.00	129.6	2.	....	0.450	1/2
33.	84.66	74.25	59.4	73.	187.28	164.25	131.4	3.	....	0.675	3/4
34.	87.22	76.50	61.2	74.	189.84	166.50	133.2	4.	....	0.900	7/8
35.	89.79	78.75	63.0	75.	192.41	168.75	135.0	5.	....	1.125	1 1/4
36.	92.36	81.00	64.8	76.	194.97	171.00	136.8	6.	....	1.350	1 1/3
37.	94.92	83.25	66.6	77.	197.54	173.25	138.6	7.	....	1.575	1 1/3
38.	97.49	85.50	68.4	78.	200.10	175.50	140.4	8.	....	1.800	1 1/2
39.	100.05	87.75	70.2	79.	202.67	177.75	142.2	9.	....	2.025	2
40.	102.62	90.00	72.0	80.	205.23	180.00	144.0				

MESURES ITINÉRAIRES.

N.° 2.

TABLE *pour réduire les Lieues anciennes en Myriamètres ou Lieues métriques.*

	Petites LIEUES de 2000 Toises.	LIEUES communes de 25 au Degré.	LIEUES marines de 20 au Degré.
	Myriamèt.	Myriamèt.	Myriamèt.
1.	0.39	0.44	0.56
2.	0.78	0.89	1.11
3.	1.17	1.33	1.67
4.	1.56	1.70	2.22
5.	1.95	2.22	2.78
6.	2.34	2.67	3.33
7.	2.73	3.11	3.89
8.	3.12	3.56	4.44
9.	3.51	4.00	5.00
10.	3.90	4.44	5.56
11.	4.29	4.89	6.11
12.	4.68	5.33	6.67
13.	5.07	5.78	7.22
14.	5.46	6.22	7.78
15.	5.85	6.67	8.33
16.	6.24	7.11	8.89
17.	6.63	7.55	9.44
18.	7.02	8.00	10.00
19.	7.41	8.44	10.56
20.	7.80	8.89	11.11
21.	8.19	9.33	11.67
22.	8.58	9.78	12.22
23.	8.97	10.22	12.78
24.	9.36	10.67	13.33
25.	9.75	11.11	13.89
26.	10.13	11.56	14.44
27.	10.52	12.00	15.00
28.	10.91	12.44	15.56
29.	11.30	12.89	16.11
30.	11.69	13.33	16.67
31.	12.08	13.78	17.22
32.	12.47	14.22	17.78
33.	12.86	14.67	18.33
34.	13.25	15.11	18.89
35.	13.64	15.56	19.44
36.	14.03	16.00	20.00
37.	14.42	16.44	20.56
38.	14.81	16.89	21.11
39.	15.20	17.33	21.67
40.	15.59	17.78	22.22

	Petites LIEUES de 2000 Toises.	LIEUES communes de 25 au Degré.	LIEUES marines de 20 au Degré.
	Myriamèt.	Myriamèt.	Myriamèt.
41.	15.98	18.22	22.78
42.	16.37	18.67	23.33
43.	16.76	19.11	23.89
44.	17.15	19.56	24.44
45.	17.54	20.00	25.00
46.	17.93	20.44	25.56
47.	18.32	20.89	26.11
48.	18.71	21.33	26.67
49.	19.10	21.78	27.22
50.	19.49	22.22	27.78
51.	19.88	22.67	28.33
52.	20.27	23.11	28.89
53.	20.66	23.56	29.44
54.	21.05	24.00	30.00
55.	21.44	24.44	30.56
56.	21.83	24.89	31.11
57.	22.22	25.33	31.67
58.	22.61	25.78	32.22
59.	23.00	26.22	32.78
60.	23.39	26.67	33.33
61.	23.78	27.11	33.89
62.	24.17	27.56	34.44
63.	24.56	28.00	35.00
64.	24.95	28.44	35.56
65.	25.34	28.89	36.11
66.	25.73	29.33	36.67
67.	26.12	29.78	37.22
68.	26.51	30.22	37.78
69.	26.90	30.67	38.33
70.	27.29	31.11	38.89
71.	27.68	31.56	39.44
72.	28.07	32.00	40.00
73.	28.46	32.44	40.56
74.	28.85	32.89	41.11
75.	29.24	33.33	41.67
76.	29.62	33.78	42.22
77.	30.01	34.22	42.78
78.	30.40	34.67	43.33
79.	30.79	35.11	43.89
80.	31.18	35.56	44.44

	Petites LIEUES de 2000 Toises.	LIEUES communes de 25 au Degré.	LIEUES marines de 20 au Degré.
	Myriamèt.	Myriamèt.	Myriamèt.
81.	31.57	36.00	45.00
82.	31.96	36.44	45.56
83.	32.35	36.89	46.11
84.	32.74	37.33	46.67
85.	33.13	37.78	47.22
86.	33.52	38.22	47.78
87.	33.91	38.67	48.33
88.	34.30	39.11	48.89
89.	34.69	39.56	49.44
90.	35.08	40.00	50.00
91.	35.47	40.44	50.56
92.	35.86	40.89	51.11
93.	36.25	41.33	51.67
94.	36.64	41.77	52.22
95.	37.03	42.22	52.78
96.	37.42	42.67	53.33
97.	37.81	43.11	53.89
98.	38.20	43.56	54.44
99.	38.59	44.00	55.00
100.	38.98	44.44	55.56
200.	77.96	88.89	111.11
300.	116.94	133.33	166.67
400.	155.92	177.78	222.22
500.	194.90	222.22	277.78
600.	233.88	266.67	333.33
700.	272.86	311.11	388.89
800.	311.84	355.56	444.44
900.	350.82	400.00	500.00
1000.	389.80	444.44	555.56
PARTIES de lieue.			
¼	0.10	0.11	0.14
½	0.19	0.22	0.28
¾	0.29	0.33	0.42

MESURES
AGRAIRES.

N.º I.

TABLE pour réduire les Arpens et Perches, mesure ancienne des Eaux et Forêts, en nouvelles Mesures.

	ARPENS.	PERCHES.		ARPENS.	PERCHES.		ARPENS.	PERCHES.
	Hectares. Ares. Cent.	Ares. Cent.		Hectares. Ares. Cent.	Ares. Cent.		Hectares. Ares. Cent.	Ares. Cent.
1.	0. 51. 07	0. 51	41.	20. 93. 95	20. 94	81.	41. 36. 83	41. 37
2.	1. 02. 14	1. 02	42.	21. 45. 02	21. 45	82.	41. 87. 90	41. 88
3.	1. 53. 22	1. 53	43.	21. 96. 10	21. 96	83.	42. 38. 98	42. 39
4.	2. 04. 29	2. 04	44.	22. 47. 17	22. 47	84.	42. 90. 05	42. 90
5.	2. 55. 36	2. 55	45.	22. 98. 24	22. 98	85.	43. 41. 12	43. 41
6.	3. 06. 43	3. 06	46.	23. 49. 31	23. 49	86.	43. 92. 19	43. 92
7.	3. 57. 50	3. 58	47.	24. 00. 38	24. 00	87.	44. 43. 26	44. 43
8.	4. 08. 58	4. 09	48.	24. 51. 46	24. 51	88.	44. 94. 34	44. 94
9.	4. 59. 65	4. 60	49.	25. 02. 53	25. 03	89.	45. 45. 41	45. 45
10.	5. 10. 72	5. 11	50.	25. 53. 60	25. 54	90.	45. 96. 48	45. 96
11.	5. 61. 79	5. 62	51.	26. 04. 67	26. 05	91.	46. 47. 55	46. 48
12.	6. 12. 86	6. 13	52.	26. 55. 74	26. 56	92.	46. 98. 62	46. 99
13.	6. 63. 94	6. 64	53.	27. 06. 82	27. 07	93.	47. 49. 70	47. 50
14.	7. 15. 01	7. 15	54.	27. 57. 89	27. 58	94.	48. 00. 77	48. 01
15.	7. 66. 08	7. 66	55.	28. 08. 96	28. 09	95.	48. 51. 84	48. 52
16.	8. 17. 15	8. 17	56.	28. 60. 03	28. 60	96.	49. 02. 91	49. 03
17.	8. 68. 22	8. 68	57.	29. 11. 10	29. 11	97.	49. 53. 98	49. 54
18.	9. 19. 30	9. 19	58.	29. 62. 18	29. 62	98.	50. 05. 06	50. 05
19.	9. 70. 37	9. 70	59.	30. 13. 25	30. 13	99.	50. 56. 13	50. 56
20.	10. 21. 44	10. 21	60.	30. 64. 32	30. 64	100.	51. 07. 20	
21.	10. 72. 51	10. 73	61.	31. 15. 39	31. 15	200.	102. 14. 40	
22.	11. 23. 58	11. 24	62.	31. 66. 46	31. 66	300.	153. 21. 60	
23.	11. 74. 66	11. 75	63.	32. 17. 54	32. 18	400.	204. 28. 80	
24.	12. 25. 73	12. 26	64.	32. 68. 61	32. 69	500.	255. 36. 00	
25.	12. 76. 80	12. 77	65.	33. 19. 68	33. 20	600.	306. 43. 20	
26.	13. 27. 87	13. 28	66.	33. 70. 75	33. 71	700.	357. 50. 40	
27.	13. 78. 94	13. 79	67.	34. 21. 82	34. 22	800.	408. 57. 60	
28.	14. 30. 02	14. 30	68.	34. 72. 90	34. 73	900.	459. 64. 80	
29.	14. 81. 09	14. 81	69.	35. 23. 97	35. 24	1000.	510. 72. 00	
30.	15. 32. 16	15. 32	70.	35. 75. 04	35. 75	2000.	1021. 44. 00	
31.	15. 83. 23	15. 83	71.	36. 26. 11	36. 26	3000.	1532. 16. 00	
32.	16. 34. 30	16. 34	72.	36. 77. 18	36. 77	4000.	2042. 88. 00	
33.	16. 85. 38	16. 85	73.	37. 28. 26	37. 28	5000.	2553. 60. 00	
34.	17. 36. 45	17. 36	74.	37. 79. 33	37. 79	6000.	3064. 32. 00	
35.	17. 87. 52	17. 88	75.	38. 30. 40	38. 30	7000.	3575. 04. 00	
36.	18. 38. 59	18. 39	76.	38. 81. 47	38. 81	8000.	4085. 76. 00	
37.	18. 89. 66	18. 90	77.	39. 32. 54	39. 33	9000.	4596. 48. 00	
38.	19. 40. 74	19. 41	78.	39. 83. 62	39. 84	10000.	5107. 20. 00	
39.	19. 91. 81	19. 92	79.	40. 34. 69	40. 35			
40.	20. 42. 88	20. 43	80.	40. 85. 76	40. 86			

MESURES AGRAIRES.

N.° 2.

TABLE pour réduire les nouvelles *Mesures agraires* en *Arpens et Perches, mesure des Eaux et Forêts.*

	HECTARES. Arpens. Perch. Centi.	ARES. Perches. Centi.		HECTARES. Arpens. Perch. Centi.	ARES. Perches. Centi.		HECTARES. Arpens. Perch. Centi.	ARES. Perches. Centi.
1.	1. 95. 80	1. 96	41.	80. 27. 88	80. 28	81.	158. 59. 96	158. 60
2.	3. 91. 60	3. 92	42.	82. 23. 68	82. 24	82.	160. 55. 76	160. 56
3.	5. 87. 41	5. 87	43.	84. 19. 49	84. 19	83.	162. 51. 57	162. 52
4.	7. 83. 21	7. 83	44.	86. 15. 29	86. 15	84.	164. 47. 37	164. 47
5.	9. 79. 01	9. 79	45.	88. 11. 09	88. 11	85.	166. 43. 17	166. 43
6.	11. 74. 81	11. 75	46.	90. 06. 89	90. 07	86.	168. 38. 97	168. 39
7.	13. 70. 61	13. 71	47.	92. 02. 69	92. 03	87.	170. 34. 77	170. 35
8.	15. 66. 42	15. 66	48.	93. 98. 50	93. 98	88.	172. 30. 58	172. 31
9.	17. 62. 22	17. 62	49.	95. 94. 30	95. 94	89.	174. 26. 38	174. 26
10.	19. 58. 02	19. 58	50.	97. 90. 10	97. 90	90.	176. 22. 18	176. 22
11.	21. 53. 82	21. 54	51.	99. 85. 90	99. 86	91.	178. 17. 98	178. 18
12.	23. 49. 62	23. 50	52.	101. 81. 70	101. 82	92.	180. 13. 78	180. 14
13.	25. 45. 43	25. 45	53.	103. 77. 51	103. 78	93.	182. 09. 59	182. 10
14.	27. 41. 23	27. 41	54.	105. 73. 31	105. 73	94.	184. 05. 39	184. 05
15.	29. 37. 03	29. 37	55.	107. 69. 11	107. 69	95.	186. 01. 19	186. 01
16.	31. 32. 83	31. 33	56.	109. 64. 91	109. 65	96.	187. 96. 99	187. 97
17.	33. 28. 63	33. 29	57.	111. 60. 71	111. 61	97.	189. 92. 79	189. 93
18.	35. 24. 44	35. 24	58.	113. 56. 52	113. 57	98.	191. 88. 60	191. 89
19.	37. 20. 24	37. 20	59.	115. 52. 32	115. 52	99.	193. 84. 40	193. 84
20.	39. 16. 04	39. 16	60.	117. 48. 12	117. 48	100.	195. 80. 20	
21.	41. 11. 84	41. 12	61.	119. 43. 92	119. 44	200.	391. 60. 40	
22.	43. 07. 64	43. 08	62.	121. 39. 72	121. 40	300.	587. 40. 60	
23.	45. 03. 45	45. 03	63.	123. 35. 53	123. 36	400.	783. 20. 80	
24.	46. 99. 25	46. 99	64.	125. 31. 33	125. 31	500.	979. 01. 00	
25.	48. 95. 05	48. 95	65.	127. 27. 13	127. 27	600.	1174. 81. 20	
26.	50. 90. 85	50. 91	66.	129. 22. 93	129. 23	700.	1370. 61. 40	
27.	52. 86. 65	52. 87	67.	131. 18. 73	131. 19	800.	1566. 41. 60	
28.	54. 82. 46	54. 82	68.	133. 14. 54	133. 15	900.	1762. 21. 80	
29.	56. 78. 26	56. 78	69.	135. 10. 34	135. 10	1000.	1958. 02. 00	
30.	58. 74. 06	58. 74	70.	137. 06. 14	137. 06	2000.	3916. 04. 01	
31.	60. 69. 86	60. 70	71.	139. 01. 94	139. 02	3000.	5874. 06. 00	
32.	62. 65. 66	62. 66	72.	140. 97. 74	140. 98	4000.	7832. 08. 01	
33.	64. 61. 47	64. 61	73.	142. 93. 55	142. 94	5000.	9790. 10. 01	
34.	66. 57. 27	66. 57	74.	144. 89. 35	144. 89	6000.	11748. 12. 02	
35.	68. 53. 07	68. 53	75.	146. 85. 15	146. 85	7000.	13706. 14. 02	
36.	70. 48. 87	70. 49	76.	148. 80. 95	148. 81	8000.	15664. 16. 03	
37.	72. 44. 67	72. 45	77.	150. 76. 75	150. 77	9000.	17622. 18. 03	
38.	74. 40. 48	74. 40	78.	152. 72. 56	152. 73	10000.	19580. 20. 04	
39.	76. 36. 28	76. 36	79.	154. 68. 36	154. 68			
40.	78. 32. 08	78. 32	80.	156. 64. 16	156. 64			

MESURES
DE SUPERFICIE.

N.° I.

TABLE pour réduire les anciennes Mesures de superficie en Mètres carrés et Parties décimales de Mètre carré.

	POUCES CARRÉS.	TOISE-POINTS.	TOISE-LIGNES.	TOISE-POUCES.	TOISE-PIEDS.
	Mètres carrés.	Mètres carrés.	Mètres carrés.	Mètres carrés.	Mètres carrés.
1.	0. 000733	0. 000366	0. 004397	0. 052760	0. 633124
2.	0. 001466	0. 000733	0. 008793	0. 105521	1. 266248
3.	0. 002198	0. 001099	0. 013190	0. 158281	1. 899371
4.	0. 002931	0. 001466	0. 017587	0. 211041	2. 532495
5.	0. 003664	0. 001832	0. 021983	0. 263801	3. 165619
6.	0. 004397	0. 002198	0. 026380	0. 316562	
7.	0. 005129	0. 002565	0. 030777	0. 369322	
8.	0. 005862	0. 002931	0. 035174	0. 422082	
9.	0. 026595	0. 003298	0. 039570	0. 474843	
10.	0. 007328	0. 003664	0. 043967	0. 527603	
11.	....	0. 004030	0. 048364	0. 580363	

PIEDS CARRÉS.	TOISES CARRÉES.	PIEDS CARRÉS.	TOISES CARRÉES.	PIEDS CARRÉS.	TOISES CARRÉES.	PIEDS CARRÉS.	TOISES CARRÉES.
Mèt. carrés.	Mètres carrés.	Mèt. carrés.	Mètres carrés.	Mèt. carrés.	Mètres carr.s.	Mètres carrés.	Mètres carrés.
1. 0.1055	3.7987	31. 3.2711	117.7610	61. 6.4368	231.7233	91. 9.6024	345.6856
2. 0.2110	7.5975	32. 3.3767	121.5598	62. 6.5423	235.5220	92. 9.7079	349.4843
3. 0.3166	11.3962	33. 3.4822	125.3585	63. 6.6478	239.3208	93. 9.8134	353.2831
4. 0.4221	15.1950	34. 3.5877	129.1572	64. 6.7533	243.1195	94. 9.9189	357.0818
5. 0.5276	18.9937	35. 3.6932	132.9560	65. 6.8588	246.9183	95. 10.0245	360.8805
6. 0.6331	22.7925	36. 3.7987	136.7547	66. 6.9644	250.7170	96. 10.1300	364.6793
7. 0.7386	26.5912	37. 3.9043	140.5535	67. 7.0699	254.5157	97. 10.2355	368.4780
8. 0.8442	30.3899	38. 4.0098	144.3522	68. 7.1754	258.3145	98. 10.3410	372.2768
9. 0.9497	34.1887	39. 4.1153	148.1510	69. 7.2809	262.1132	99. 10.4465	376.0755
10. 1.0552	37.9874	40 4.2208	151.9497	70. 7.3864	265.9120	100. 10.5521	379.8743
11. 1.1607	41.7862	41. 4.3226	155.7484	71. 7.4920	269.7107	200. 21.1041	759.7485
12. 1.2662	45.5849	42. 4.4319	159.5472	72. 7.5975	273.5095	300. 31.6562	1139.6228
13. 1.3718	49.3837	43. 4.5374	163.3459	73. 7.7030	277.3082	400. 42.2082	1519.4970
14. 1.4773	53.1824	44. 4.6429	167.1447	74. 7.8085	281.1069	500. 52.7603	1899.3713
15. 1.5828	56.9811	45. 4.7484	170.9434	75. 7.9140	284.9057	600. 63.3124	2279.2455
16. 1.6883	60.7799	46. 4.8539	174.7422	76. 8.0196	288.7044	700. 73.8644	2659.1198
17. 1.7939	64.5786	47. 4.9595	178.5409	77. 8.1251	292.5032	800. 84.4165	3038.9940
18. 1.8994	68.3774	48. 5.0650	182.3396	78. 8.2306	296.3019	900. 94.9686	3418.8683
19. 2.0049	72.1761	49. 5.1705	186.1384	79. 8.3361	300.1007	1000. 105.5206	3798.7425
20. 2.1104	75.9749	50. 5.2760	189.9371	80. 8.4416	303.8994	2000. 211.0413	7597.4851
21. 2.2159	79.7736	51. 5.3816	193.7359	81. 8.5472	307.6981	3000. 316.5619	11396.2276
22. 2.3215	83.5723	52. 5.4871	197.5346	82. 8.6527	311.4969	4000. 422.0825	15194.9702
23. 2.4270	87.3711	53. 5.5926	201.3334	83. 8.7582	315.2956	5000. 527.6031	18993.7127
24. 2.5325	91.1698	54. 5.6981	205.1321	84. 8.8637	319.0944	6000. 633.1238	22792.4552
25. 2.6380	94.9686	55. 5.8036	208.9308	85. 8.9693	322.8931	7000. 738.6444	26591.1978
26. 2.7435	98.7673	56. 5.9092	212.7296	86. 9.0748	326.6919	8000. 844.1650	30389.9403
27. 2.8491	102.5660	57. 6.0147	216.5283	87. 9.1803	330.4906	9000. 949.6856	34188.6828
28. 2.9546	106.3648	58. 6.1202	220.3271	88. 9.2858	334.2893	10000. 1055.2063	37987.4254
29. 3.0601	110.1635	59. 6.2257	224.1258	89. 9.3913	338.0881		
30. 3.1656	113.9623	60. 6.3312	227.9246	90. 9.4969	341.8868		

C

MESURES
DE SUPERFICIE.

N.º 2.

TABLE pour convertir les Mètres carrés et fractions décimales de Mètre carré en Toises carrées, Toise-pieds, Toise-pouces, &c.

MÈTRES carrés.	Toises carrées.	Toise-pieds.	Toise-pouces.	Toise-lignes.	MÈTRES carrés.	Toises carrées.	Toise-pieds.	Toise-pouces.	Toise-lignes.	MÈTRES carrés.	Toises carrées.	Toise-pieds.	Toise-pouces.	Toise-lignes.
0. 01	0	0	0	2	26.	6	5	0	9	69.	18	0	11	0
0. 02	0	0	0	5	27.	7	0	7	9	70.	18	2	6	9
0. 03	0	0	0	7	28.	7	2	2	8	71.	18	4	1	8
0. 04	0	0	0	9	29.	7	3	9	7	72.	18	5	8	8
0. 05	0	0	0	11	30.	7	5	4	7	73.	19	1	3	7
0. 06	0	0	1	2	31.	8	0	11	6	74.	19	2	10	7
0. 07	0	0	1	4	32.	8	2	6	6	75.	19	4	5	6
0. 08	0	0	1	6	33.	8	4	1	5	76.	20	0	0	5
0. 09	0	0	1	8	34.	8	5	8	5	77.	20	1	7	5
0. 1	0	0	1	11	35.	9	1	3	4	78.	20	3	2	4
0. 2	0	0	3	9	36.	9	2	10	3	79.	20	4	9	4
0. 3	0	0	5	8	37.	9	4	5	3	80.	21	0	4	3
0. 4	0	0	7	7	38.	10	0	0	2	81.	21	1	11	3
0. 5	0	0	9	6	39.	10	1	7	2	82.	21	3	6	2
0. 6	0	0	11	4	40.	10	3	2	1	83.	21	5	1	1
0. 7	0	1	1	3	41.	10	4	9	0	84.	22	0	8	1
0. 8	0	1	3	2	42.	11	0	4	0	85.	22	2	3	0
0. 9	0	1	5	1	43.	11	1	10	11	86.	22	3	10	0
1.	0	1	6	11	44.	11	3	5	11	87.	22	5	4	11
2.	0	3	1	11	45.	11	5	0	10	88.	23	0	11	11
3.	0	4	8	10	46.	12	0	7	10	89.	23	2	6	10
4.	1	0	3	10	47.	12	2	2	9	90.	23	4	1	10
5.	1	1	10	9	48.	12	3	9	9	91.	23	5	8	9
6.	1	3	5	9	49.	12	5	4	8	92.	24	1	3	8
7.	1	5	0	8	50.	13	0	11	8	93.	24	2	10	8
8.	2	0	7	8	51.	13	2	6	7	94.	24	4	5	7
9.	2	2	2	7	52.	13	4	1	7	95.	25	0	0	6
10.	2	3	9	6	53.	13	5	8	6	96.	25	1	7	6
11.	2	5	4	6	54.	14	1	3	6	97.	25	3	2	5
12.	3	0	11	5	55.	14	2	10	5	98.	25	4	9	5
13.	3	2	6	5	56.	14	4	5	5	99.	26	0	4	4
14.	3	4	1	4	57.	15	0	0	4	100.	26	1	11	4
15.	3	5	8	4	58.	15	1	7	3	200.	52	3	10	9
16.	4	1	3	3	59.	15	3	2	3	300.	78	5	10	1
17.	4	2	10	2	60.	15	4	9	2	400.	105	1	9	5
18.	4	4	5	2	61.	16	0	4	2	500.	131	3	8	10
19.	5	0	0	1	62.	16	1	11	1	600.	157	5	8	2
20.	5	1	7	1	63.	16	3	6	1	700.	184	1	7	7
21.	5	3	2	0	64.	16	5	1	0	800.	210	3	6	11
22.	5	4	8	11	65.	17	0	8	0	900.	236	5	6	3
23.	6	0	3	11	66.	17	2	2	11	1000.	263	1	5	8
24.	6	1	10	10	67.	17	3	9	10					
25.	6	3	5	10	68.	17	5	4	10					

TABLE pour convertir les Mètres, Décimètres et Centimètres carrés en anciennes mesures analogues avec leurs parties décimales.

	MÈTRES CARRÉS.		DÉCIMÈTRES CARRÉS.			CENTIMÈTRES CARRÉS.	
	Pieds carrés.	Toises carrés.		Pouces carrés.	Pieds carrés.		Lignes carrés.	Pouces carrés.
1.	9. 4768	0. 26324	1.	13. 6466	0. 0948	1.	19. 65	0. 1365
2.	18. 9536	0. 52649	2.	27. 2932	0. 1895	2.	39. 30	0. 2729
3.	28. 4305	0. 78973	3.	40. 9399	0. 2843	3.	58. 95	0. 4094
4.	37. 9073	1. 05298	4.	54. 5865	0. 3791	4.	78. 60	0. 5459
5.	47. 3841	1. 31622	5.	68. 2331	0. 4738	5.	98. 26	0. 6823
6.	56. 8669	1. 57947	6.	81. 8797	0. 5687	6.	117. 91	0. 8188
7.	66. 3377	1. 84271	7.	95. 5263	0. 6634	7.	137. 56	0. 9553
8.	75. 8146	2. 10596	8.	109. 1730	0. 7581	8.	157. 21	1. 0917
9.	85. 2914	2. 36920	9.	122. 8196	0. 8529	9.	176. 86	1. 2282
10.	94. 7682	2. 63245	10.	136. 4662	0. 9477	10.	196. 51	1. 3647
100.	947. 6820	26. 32450	100.	1364. 6621	9. 4768	100.	1965. 11	13. 6466
1000.	9476. 8202	263. 24500	1000.	13646. 6211	94. 7682	1000.	19651. 13	136. 4662

N.º 4.

TABLE pour convertir les Mètres carrés et Fractions décimales de Mètre carré en Toises carrées, Pieds carrés, &c.

MÈTRES carrés.	Toises carrées.	Pieds carrés.	Pouces carrés.	Lignes carrées.	MÈTRES carrés.	Toises carrées.	Pieds carrés.	Pouces carrés.	Lignes carrées.	MÈTRES carrés.	Toises carrées.	Pieds carrés.	Pouces carrés.	Lignes carrées.
0. 01	0...	0...	13...	93	1.	0...	9...	68...	95	100.	26..	11..	98..	30
0. 02	0...	0...	27...	42	2.	0...	18...	137...	47	200.	52..	23..	52..	61
0. 03	0...	0...	40...	135	3.	0...	28...	61...	142	300.	78..	35..	6..	91
0. 04	0...	0...	54...	84	4.	1...	1...	130...	93	400.	105..	10..	104..	121
0. 05	0...	0...	68...	34	5.	1...	11...	55...	45	500.	131..	22..	59..	8
0. 06	0...	0...	81...	127	6.	1...	20...	123...	140	600.	157..	34..	13..	38
0. 07	0...	0...	95...	76	7.	1...	30...	47...	91	700.	184..	9..	111..	68
0. 08	0...	0...	109..	25	8.	2...	3...	117...	43	800.	210..	21..	65..	99
0. 09	0...	0...	122...	118	9.	2...	13...	41...	138	900.	236..	33..	19..	129
0. 1	0...	0...	136...	67	10.	2...	22...	110...	89	1000.	263..	8..	118..	16
0. 2	0...	1...	128...	134	20.	5...	9...	77...	25	2000.	526..	17..	92..	31
0. 3	0...	2...	121...	57	30.	7...	32...	43...	124	3000.	789..	26..	66..	47
0. 4	0...	3...	113...	125	40.	10...	19...	10...	70	4000.	1052..	35..	40..	62
0. 5	0...	4...	106...	48	50.	13...	5...	121...	15	5000.	1316..	8..	14..	78
0. 6	0...	5...	98...	115	60.	15...	28...	87...	104	6000.	1579..	16..	132..	94
0. 7	0...	6...	91...	38	70.	18...	15...	54...	50	7000.	1842..	25..	106..	109
0. 8	0...	7...	83...	105	80.	21...	2...	20...	140	8000.	2105..	34..	80..	125
0. 9	0...	8...	76...	28	90.	23...	24...	131...	85	9000.	2369..	7..	54..	140

C 2

MESURES
DE SOLIDITÉ. *TABLE pour convertir les Toises cubes et les Pieds cubes en Mètres cubes*
et Parties décimales de Mètre cube.
N.º 1.

	TOISES cubes.	PIEDS cubes.		TOISES cubes.	PIEDS cubes.		TOISES cubes.	PIEDS cubes.
	Mètres cubes.	Mètres cubes.		Mètres cubes.	Mètres cubes.		Mètres cubes.	Mètres cubes.
1.	7. 4039	0. 0343	41.	303. 5594	1. 4054	81.	599. 7148	2. 7765
2.	14. 8078	0. 0686	42.	310. 9633	1. 4396	82.	607. 1187	2. 8107
3.	22. 2117	0. 1028	43.	318. 3672	1. 4739	83.	614. 5226	2. 8450
4.	29. 6155	0. 1371	44.	325. 7710	1. 5082	84.	621. 9265	2. 8793
5.	37. 0194	0. 1714	45.	333. 1749	1. 5425	85.	629. 3304	2. 9136
6.	44. 4233	0. 2057	46.	340. 5788	1. 5768	86.	636. 7343	2. 9478
7.	51. 8272	0. 2399	47.	347. 9827	1. 6110	87.	644. 1382	2. 9821
8.	59. 2311	0. 2742	48.	355. 3866	1. 6453	88.	651. 5421	3. 0164
9.	66. 6350	0. 3085	49.	362. 7905	1. 6796	89.	658. 9460	3. 0507
10.	74. 0389	0. 3428	50.	370. 1944	1. 7139	90.	666. 3498	3. 0849
11.	81. 4428	0. 3770	51.	377. 5982	1. 7481	91.	673. 7537	3. 1192
12.	88. 8467	0. 4113	52.	385. 0021	1. 7824	92.	681. 1576	3. 1535
13.	96. 2505	0. 4456	53.	392. 4060	1. 8167	93.	688. 5615	3. 1878
14.	103. 6544	0. 4799	54.	399. 8099	1. 8510	94.	695. 9654	3. 2221
15.	111. 0585	0. 5142	55.	407. 2138	1. 8852	95.	703. 3693	3. 2563
16.	118. 4622	0. 5484	56.	414. 6177	1. 9195	96.	710. 7732	3. 2906
17.	125. 8661	0. 5827	57.	422. 0216	1. 9538	97.	718. 1770	3. 3249
18.	133. 2700	0. 6170	58.	429. 4254	1. 9881	98.	725. 5809	3. 3592
19.	140. 6739	0. 6513	59.	436. 8293	2. 0223	99.	732. 9848	3. 3934
20.	148. 0777	0. 6855	60.	444. 2332	2. 0566	100.	740. 3887	3. 4277
21.	155. 4816	0. 7198	61.	451. 6371	2. 0909	200.	1480. 7774	6. 8554
22.	162. 8855	0. 7541	62.	459. 0410	2. 1252	300.	2221. 1661	10. 2832
23.	170. 2894	0. 7884	63.	466. 4449	2. 1595	400.	2961. 5549	13. 7109
24.	177. 6933	0. 8227	64.	473. 8488	2. 1937	500.	3701. 9436	17. 1386
25.	185. 0972	0. 8569	65.	481. 2527	2. 2280	600.	4442. 3323	20. 5664
26.	192. 5011	0. 8912	66.	488. 6565	2. 2623	700.	5182. 7210	23. 9941
27.	199. 9050	0. 9255	67.	496. 0604	2. 2966	800.	5923. 1097	27. 4218
28.	207. 3088	0. 9598	68.	503. 4643	2. 3308	900.	6663. 4984	30. 8695
29.	214. 7127	0. 9940	69.	510. 8682	2. 3651	1000.	7403. 8871	34. 2772
30.	222. 1166	1. 0283	70.	518. 2721	2. 3994			
31.	229. 5205	1. 0626	71.	525. 6760	2. 4337			
32.	236. 9244	1. 0969	72.	533. 0799	2. 4680			
33.	244. 3283	1. 1311	73.	540. 4838	2. 5022			
34.	251. 7322	1. 1654	74.	547. 8877	2. 5365			
35.	259. 1360	1. 1997	75.	555. 2915	2. 5708			
36.	266. 5399	1. 2340	76.	562. 6954	2. 6051			
37.	273. 9438	1. 2683	77.	570. 0993	2. 6393			
38.	281. 3477	1. 3025	78.	577. 5032	2. 6736			
39.	288. 7516	1. 3368	79.	584. 9071	2. 7079			
40.	296. 1555	1. 3711	80.	592. 3110	2. 7422			

MESURES
DE SOLIDITÉ.
N.° 2.

TABLE pour convertir les Fractions de Toise cube en Mètres cubes et Parties décimales de Mètre cube.

	PIEDS CUBES.	POUCES CUBES.		T.T. PIEDS.	T.T. POUCES.	T.T. LIGNES.	T.T. POINTS.
	Mètres cubes.	Mètres cubes.		Mètres cubes.	Mètres cubes.	Mètres cubes.	Mètres cubes.
1.	0. 034277	0. 000020	1.	1. 2340	0. 1028	0. 0086	0. 0007
2.	0. 068554	0. 000040	2.	2. 4680	0. 2057	0. 0171	0. 0014
3.	0. 102832	0. 000060	3.	3. 7019	0. 3085	0. 0257	0. 0021
4.	0. 137109	0. 000079	4.	4. 9359	0. 4113	0. 0343	0. 0029
5.	0. 171386	0. 000099	5.	6. 1699	0. 5142	0. 0428	0. 0036
6.	0. 205663	0. 000119	6.	....	0. 6170	0. 0514	0. 0043
7.	0. 239941	0. 000139	7.	....	0. 7198	0. 0600	0. 0050
8.	0. 274218	0. 000159	8.	....	0. 8227	0. 0686	0. 0057
9.	0. 308495	0. 000178	9.	....	0. 9255	0. 0771	0. 0064
			10.	....	1. 0283	0. 0857	0. 0071
			11.	....	1. 1311	0. 0943	0. 0079

N.° 3.

TABLE pour convertir les Cordes de bois, mesure des Eaux et Forêts, en Stères, et réciproquement les Stères en Cordes.

CORDES.	STÈRES.	CORDES.	STÈRES.		STÈRES.	CORDES.	STÈRES.	CORDES.
1.	3. 839	24.	92. 137		1.	0. 2605	24.	6. 2515
2.	7. 678	25.	95. 976		2.	0. 5210	25.	6. 5120
3.	11. 517	26.	99. 815		3.	0. 7814	26.	6. 7725
4.	15. 356	27.	103. 654		4.	1. 0419	27.	7. 0330
5.	19. 195	28.	107. 493		5.	1. 3024	28.	7. 2934
6.	23. 034	29.	111. 332		6.	1. 5629	29.	7. 5539
7.	26. 873	30.	115. 172		7.	1. 8234	30.	7. 8144
8.	30. 712	31.	119. 011		8.	2. 0839	31.	8. 0749
9.	34. 551	32.	122. 850		9.	2. 3443	32.	8. 3354
10.	38. 391	33.	126. 689		10.	2. 6048	33.	8. 5959
11.	42. 230	34.	130. 528		11.	2. 8653	34.	8. 8563
12.	46. 069	35.	134. 367		12.	3. 1258	35.	9. 1168
13.	49. 908	36.	138. 206		13.	3. 3862	36.	9. 3773
14.	53. 747	37.	142. 045		14.	3. 6467	37.	9. 6378
15.	57. 586	38.	145. 884		15.	3. 9072	38.	9. 8983
16.	61. 425	39.	149. 723		16.	4. 1677	39.	10. 1587
17.	65. 264	40.	153. 562		17.	4. 4282	40.	10. 4192
18.	69. 103	50.	191. 953		18.	4. 6886	50.	13. 0240
19.	72. 942	60.	230. 343		19.	4. 9491	60.	15. 6289
20.	76. 781	70.	268. 734		20.	5. 2096	70.	18. 2337
21.	80. 620	80.	307. 124		21.	5. 4701	80.	20. 8385
22.	84. 459	90.	345. 515		22.	5. 7306	90.	23. 4433
23.	88. 298	100.	383. 904		23.	5. 9910	100.	26. 0481

MESURES DE SOLIDITÉ.

N.° 4.

TABLE pour convertir les Mètres et Décimètres cubes en anciennes Mesures avec leurs Parties décimales.

	MÈTRES CUBES.			MÈTRES CUBES.		DÉCIMÈT. CUBES.
	Pieds cubes.	Toises cubes.		Solives.		Pouces cubes.
1.	29.1739	0.13506	1.	9.7246	1.	50.412
2.	58.3477	0.27013	2.	19.4492	2.	100.825
3.	87.5216	0.40519	3.	29.1739	3.	151.237
4.	116.6955	0.54026	4.	38.8985	4.	201.650
5.	145.8693	0.67532	5.	48.6231	5.	252.062
6.	175.0432	0.81039	6.	58.3477	6.	302.475
7.	204.2170	0.94545	7.	68.0723	7.	352.887
8.	233.3909	1.08051	8.	77.7970	8.	403.299
9.	262.5648	1.21558	9.	87.5216	9.	453.712
10.	291.7386	1.35004	10.	97.2462	10.	504.124
100.	2917.3864	13.50642	100.	972.4621	100.	5041.244
1000.	29173.8645	135.06419	1000.	9724.6215	1000.	50412.438

N.° 5.

TABLE pour convertir les Mètres et Parties décimales de Mètre cube en Toises cubes, Toises toise-pieds, Toises toise-pouces, &c.

MÈTRES CUBES.	Toises cubes.	T.T. pieds.	T.T. pouces.	T.T. lignes.	T.T. points.
0.01	0	0	0	1	2
0.02	0	0	0	2	4
0.03	0	0	0	3	6
0.04	0	0	0	4	8
0.05	0	0	0	5	10
0.06	0	0	0	7	0
0.07	0	0	0	8	2
0.08	0	0	0	9	4
0.09	0	0	0	10	6
0.1	0	0	0	11	8
0.2	0	0	1	11	4
0.3	0	0	2	11	0
0.4	0	0	3	10	8
0.5	0	0	4	10	4
0.6	0	0	5	10	0
0.7	0	0	6	9	8
0.8	0	0	7	9	4
0.9	0	0	8	9	0
1.	0	0	9	8	8
2.	0	1	7	5	5
3.	0	2	5	2	1
4.	0	3	2	10	9
5.	0	4	0	7	6
6.	0	4	10	4	2
7.	0	5	8	0	10
8.	1	0	5	9	7
9.	1	1	3	6	3

MÈTRES CUBES.	Toises cubes.	T.T. pieds.	T.T. pouces.	T.T. lignes.	T.T. points.
10.	1	2	1	2	11
20.	2	4	2	5	11
30.	4	0	3	8	10
40.	5	2	4	11	10
50.	6	4	6	2	9
60.	8	0	7	5	9
70.	9	2	8	8	8
80.	10	4	9	11	8
90.	12	0	11	2	7
100.	13	3	0	5	7
200.	27	0	0	11	1
300.	40	3	1	4	8
400.	54	0	1	10	2
500.	67	3	2	3	9
600.	81	0	2	9	3
700.	94	3	3	2	10
800.	108	0	3	8	4
900.	121	3	4	1	11
1000.	135	0	4	7	6
10000.	1350	3	10	2	8

TABLES pour convertir les anciennes Mesures de Liquides en nouvelles Mesures analogues.

	PINTES de Paris.	SETIERS de 8 Pintes.	MUIDS de 36 Setiers.			PINTES de Paris.	SETIERS de 8 Pintes.	MUIDS de 36 Setiers.
	Litres.	Litres.	Hectolitres.			Litres.	Litres.	Hectolitres.
1.	0. 93	7. 45	2. 68		41.	38. 18	305. 47	109. 97
2.	1. 86	14. 90	5. 36		42.	39. 11	312. 92	112. 65
3.	2. 79	22. 35	8. 05		43.	40. 04	320. 37	115. 34
4.	3. 73	29. 80	10. 73		44.	40. 98	327. 82	118. 02
5.	4. 66	37. 25	13. 41		45.	41. 91	335. 27	120. 70
6.	5. 59	44. 70	16. 09		46.	42. 84	342. 72	123. 38
7.	6. 52	52. 15	18. 77		47.	43. 77	350. 17	126. 06
8.	7. 45	59. 60	21. 46		48.	44. 70	357. 62	128. 75
9.	8. 38	67. 05	24. 14		49.	45. 63	365. 07	131. 43
10.	9. 31	74. 50	26. 82		50.	46. 56	372. 52	134. 11
11.	10. 24	81. 95	29. 50		51.	47. 50	379. 97	136. 79
12.	11. 17	89. 40	32. 18		52.	48. 43	387. 42	139. 47
13.	12. 11	96. 85	34. 87		53.	49. 36	394. 87	142. 16
14.	13. 04	104. 30	37. 55		54.	50. 29	402. 32	144. 84
15.	13. 97	111. 75	40. 23		55.	51. 22	409. 77	147. 52
16.	14. 90	119. 21	42. 91		56.	52. 15	417. 22	150. 20
17.	15. 83	126. 66	45. 60		57.	53. 08	424. 67	152. 88
18.	16. 76	134. 11	48. 28		58.	54. 01	432. 12	155. 57
19.	17. 69	141. 56	50. 96		59.	54. 95	439. 57	158. 25
20.	18. 63	149. 01	53. 64		60.	55. 88	447. 02	160. 93
21.	19. 56	156. 46	56. 32		61.	56. 81	454. 47	163. 61
22.	20. 49	163. 91	59. 01		62.	57. 74	461. 92	166. 29
23.	21. 42	171. 36	61. 69		63.	58. 67	469. 37	168. 98
24.	22. 35	178. 81	64. 37		64.	59. 60	476. 82	171. 66
25.	23. 28	186. 26	67. 05		65.	60. 53	484. 27	174. 34
26.	24. 21	193. 71	69. 73		66.	61. 47	491. 72	177. 02
27.	25. 14	201. 16	72. 42		67.	62. 40	499. 17	179. 70
28.	26. 07	208. 61	75. 10		68.	63. 33	506. 63	182. 39
29.	27. 01	216. 06	77. 78		69.	64. 26	514. 08	185. 07
30.	27. 94	223. 51	80. 46		70.	65. 19	521. 53	187. 75
31.	28. 87	230. 96	83. 15		71.	66. 12	528. 98	190. 43
32.	29. 80	238. 41	85. 83		72.	67. 05	536. 43	193. 11
33.	30. 73	245. 86	88. 51		73.	67. 98	543. 88	195. 80
34.	31. 66	253. 31	91. 19		74.	68. 92	551. 33	198. 48
35.	32. 59	260. 76	93. 87		75.	69. 85	558. 78	201. 16
36.	33. 53	268. 21	96. 56		80.	74. 50	596. 03	214. 57
37.	34. 46	275. 66	99. 24		85.	79. 16	633. 28	227. 98
38.	35. 39	283. 11	101. 92		90.	83. 82	670. 54	241. 39
39.	36. 32	290. 56	104. 60		95.	88. 47	707. 79	254. 80
40.	37. 25	298. 02	107. 29		100.	93. 13	745. 04	268. 21

MESURES
DE CAPACITÉ.
N.° 2.

TABLE pour convertir les nouvelles Mesures de Liquides en anciennes Mesures analogues.

	LITRES.	DÉCALITRES.	HECTOLITRES.		LITRES.	DÉCALITRES.	HECTOLITRES.
	Pintes. Centiém.	Setiers. Pintes.	Muids. Setiers. Pint.		Pintes. Centiém.	Setiers. Pintes.	Muids. Setiers. Pint.
1.	1. 07	1. 3	0. 13. 3	41.	44. 02	55. 0	15. 10. 2
2.	2. 15	2. 5	0. 26. 7	42.	45. 10	56. 3	15. 23. 6
3.	3. 22	4. 0	1. 4. 2	43.	46. 17	57. 6	16. 1. 1
4.	4. 30	5. 3	1. 17. 5	44.	47. 25	59. 0	16. 14. 4
5.	5. 37	6. 6	1. 31. 1	45.	48. 32	60. 3	16. 27. 8
6.	6. 44	8. 0	2. 8. 4	46.	49. 40	61. 6	17. 5. 3
7.	7. 52	9. 3	2. 22. 0	47.	50. 47	63. 0	17. 18. 6
8.	8. 59	10. 6	2. 35. 3	48.	51. 54	64. 3	17. 32. 2
9.	9. 66	12. 1	3. 12. 6	49.	52. 62	65. 6	18. 9. 5
10.	10. 74	13. 3	3. 26. 2	50.	53. 68	67. 1	18. 23. 0
11.	11. 81	14. 6	4. 3. 5	51.	54. 76	68. 4	19. 0. 4
12.	12. 88	16. 1	4. 17. 0	52.	55. 83	69. 6	19. 13. 7
13.	13. 96	17. 4	4. 30. 4	53.	56. 90	71. 1	19. 27. 3
14.	15. 03	18. 6	5. 7. 7	54.	57. 98	72. 4	20. 4. 6
15.	16. 11	20. 1	5. 21. 3	55.	59. 05	73. 6	20. 18. 1
16.	17. 18	21. 4	5. 34. 6	56.	60. 12	75. 1	20. 31. 5
17.	18. 25	22. 6	6. 12. 1	57.	61. 20	76. 4	21. 9. 0
18.	19. 33	24. 1	6. 25. 5	58.	62. 27	77. 7	21. 22. 4
19.	20. 40	25. 4	7. 3. 0	59.	63. 35	79. 1	21. 35. 7
20.	21. 47	25. 7	7. 16. 4	60.	64. 42	80. 4	22. 13. 2
21.	22. 55	28. 1	7. 29. 7	61.	65. 49	81. 7	22. 26. 6
22.	23. 62	29. 4	8. 7. 2	62.	66. 57	83. 2	23. 4. 1
23.	24. 69	30. 7	8. 20. 6	63.	67. 64	84. 4	23. 17. 4
24.	25. 77	32. 2	8. 34. 1	64.	68. 72	85. 7	23. 30. 8
25.	26. 84	33. 4	9. 11. 4	65.	69. 79	87. 2	24. 8. 3
26.	27. 92	34. 7	9. 24. 8	66.	70. 86	88. 5	24. 21. 6
27.	28. 99	36. 2	10. 2. 3	67.	71. 94	89. 7	24. 35. 2
28.	30. 06	37. 5	10. 15. 6	68.	73. 01	91. 2	25. 12. 5
29.	31. 14	38. 7	10. 29. 2	69.	74. 09	92. 5	25. 26. 0
30.	32. 21	40. 2	11. 6. 5	70.	75. 16	93. 8	26. 3. 4
31.	33. 28	41. 5	11. 20. 0	71.	76. 23	95. 2	26. 16. 7
32.	34. 36	42. 8	11. 33. 4	72.	77. 31	96. 5	26. 30. 3
33.	35. 43	44. 2	12. 10. 7	73.	78. 38	97. 8	27. 7. 6
34.	36. 51	45. 5	12. 24. 3	74.	79. 46	99. 3	27. 21. 1
35.	37. 58	46. 8	13. 1. 6	75.	80. 53	100. 5	27. 34. 5
36.	38. 65	48. 2	13. 15. 1	80.	85. 89	107. 3	29. 29. 6
37.	39. 73	49. 5	13. 28. 5	85.	91. 26	114. 0	31. 24. 6
38.	40. 80	50. 8	14. 6. 0	90.	96. 63	120. 6	33. 19. 7
39.	41. 88	52. 3	14. 19. 3	95.	102. 00	127. 4	35. 15. 0
40.	42. 95	53. 5	14. 32. 7	100.	107. 37	134. 2	37. 10. 1

MESURES
DE CAPACITÉ.

N.° 3.

TABLE *pour convertir les anciennes Mesures en nouvelles,*
pour les Grains et Matières sèches.

LITRONS.	LITRES.
1......	0. 8
2......	1. 6
3......	2. 4
4......	3. 2
5......	4. 1
6......	4. 9
7......	5. 7
8......	6. 5
9......	7. 3
10.....	8. 1
11.....	8. 9
12.....	9. 7
13.....	10. 6
14.....	11. 4
15.....	12. 2

BOISSEAUX DE 16 LITRONS.	LITRES.
1......	13.
2......	26.
3......	39.
4......	52.
5......	65.
6......	78.
7......	91.
8......	104.
9......	117.
10.....	130
11.....	143.

SETIERS DE 12 BOISSEAUX.	LITRES.
1......	156.
2......	312.
3......	468.
4......	624.
5......	780.
6......	936.
7......	1092.
8......	1248.
9......	1404.

SETIERS DE 12 BOISSEAUX.	Hectolit.	Litres.	SETIERS DE 12 BOISSEAUX.	Hectolit.	Litres.
1.	1.	56	51.	79.	56
2.	3.	12	52.	81.	12
3.	4.	68	53.	82.	68
4.	6.	24	54.	84.	24
5.	7.	80	55.	85.	80
6.	9.	36	56.	87.	36
7.	10.	92	57.	88.	92
8.	12.	48	58.	90.	48
9.	14.	04	59.	92.	04
10.	15.	60	60.	93.	60
11.	17.	16	61.	95.	16
12.	18.	72	62.	96.	72
13.	20.	28	63.	98.	28
14.	21.	84	64.	99.	84
15.	23.	40	65.	101.	40
16.	24.	96	66.	102.	96
17.	26.	52	67.	104.	52
18.	28.	08	68.	106.	08
19.	29.	64	69.	107.	64
20.	31.	20	70.	109.	20
21.	32.	76	71.	110.	76
22.	34.	32	72.	112.	32
23.	35.	88	73.	113.	88
24.	37.	44	74.	115.	44
25.	39.	00	75.	117.	00
26.	40.	56	76.	118.	56
27.	42.	12	77.	120.	12
28.	43.	68	78.	121.	68
29.	45.	24	79.	123.	24
30.	46.	80	80.	124.	80
31.	48.	36	81.	126.	36
32.	49.	92	82.	127.	92
33.	51.	48	83.	129.	48
34.	53.	04	84.	131.	04
35.	54.	60	85.	132.	60
36.	56.	16	86.	134.	16
37.	57.	72	87.	135.	72
38.	59.	28	88.	137.	28
39.	60.	84	89.	138.	84
40.	62.	40	90.	140.	40
41.	63.	96	91.	141.	96
42.	65.	52	92.	143.	52
43.	67.	08	93.	145.	08
44.	68.	64	94.	146.	64
45.	70.	20	95.	148.	20
46.	71.	76	96.	149.	76
47.	73.	32	97.	151.	32
48.	74.	88	98.	152.	88
49.	76.	44	99.	154.	44
50.	78.	00	100.	156.	00

D

MESURES DE CAPACITÉ.

N.° 4.

TABLE *pour convertir les nouvelles Mesures en anciennes, pour les Grains et Matières sèches.*

	HECTOLITRES.			LITRES.			HECTOLITRES.			LITRES.	
	Setiers.	Boisseaux.	Litrons.	Boisseaux.	Litrons.		Setiers.	Boisseaux.	Litrons.	Boisseaux.	Litrons.
1.	0	7	11	0	1	51.	32	8	5	3	15
2.	1	3	6	0	2	52.	33	4	0	4	0
3.	1	11	1	0	4	53.	33	11	11	4	1
4.	2	6	12	0	5	54.	34	7	6	4	2
5.	3	2	7	0	6	55.	35	3	1	4	4
6.	3	10	2	0	7	56.	35	10	12	4	5
7.	4	5	14	0	9	57.	36	6	7	4	6
8.	5	1	9	0	10	58.	37	2	2	4	7
9.	5	9	4	0	11	59.	37	9	14	4	9
10.	6	4	15	0	12	60.	38	5	9	4	10
11.	7	0	10	0	14	61.	39	1	4	4	11
12.	7	8	5	0	15	62.	39	8	15	4	12
13.	8	4	0	1	0	63.	40	4	10	4	14
14.	8	11	11	1	1	64.	41	0	5	4	15
15.	9	7	6	1	2	65.	41	8	0	5	0
16.	10	3	1	1	4	66.	42	3	11	5	1
17.	10	10	12	1	5	67.	42	11	6	5	2
18.	11	6	7	1	6	68.	43	7	1	5	4
19.	12	2	2	1	7	69.	44	2	12	5	5
20.	12	9	14	1	9	70.	44	10	7	5	6
21.	13	5	9	1	10	71.	45	6	2	5	7
22.	14	1	4	1	11	72.	46	1	14	5	9
23.	14	8	15	1	12	73.	46	9	9	5	10
24.	15	4	10	1	14	74.	47	5	4	5	11
25.	16	0	5	1	15	75.	48	0	15	5	12
26.	16	8	0	2	0	76.	48	8	10	5	14
27.	17	3	11	2	1	77.	49	4	5	5	15
28.	17	11	6	2	2	78.	50	0	0	6	0
29.	18	7	1	2	4	79.	50	7	11	6	1
30.	19	2	12	2	5	80.	51	3	6	6	2
31.	19	10	7	2	6	81.	51	11	1	6	4
32.	20	6	2	2	7	82.	52	6	12	6	5
33.	21	1	14	2	9	83.	53	2	7	6	6
34.	21	9	9	2	10	84.	53	10	2	6	7
35.	22	5	4	2	11	85.	54	5	14	6	9
36.	23	0	15	2	12	86.	55	1	9	6	10
37.	23	8	10	2	14	87.	55	9	4	6	11
38.	24	4	5	2	15	88.	56	4	15	6	12
39.	25	0	0	3	0	89.	57	0	10	6	14
40.	25	7	11	3	1	90.	57	8	5	6	15
41.	26	3	6	3	2	91.	58	4	0	7	0
42.	26	11	1	3	4	92.	58	11	11	7	1
43.	27	6	12	3	5	93.	59	7	6	7	2
44.	28	2	7	3	6	94.	60	3	1	7	4
45.	28	10	2	3	7	95.	60	10	12	7	5
46.	29	5	14	3	9	96.	61	6	7	7	6
47.	30	1	9	3	10	97.	62	2	2	7	7
48.	30	9	4	3	11	98.	62	9	14	7	9
49.	31	4	15	3	12	99.	63	5	9	7	10
50.	32	0	10	3	14	100.	64	1	4	7	11

POIDS.

N.° I.

TABLE pour réduire les Poids anciens en nouveaux Poids.

FRACTIONS DE LA LIVRE.				LIVRES.					
GRAINS.	Gram. Millié.	GRAINS.	Gram. Millié.		Kilog. Gramm.		Kilog. Gramm.		Kilog. Gram.
1.	0. 053	51.	2. 709	1.	0. 490	51.	24. 965	200.	97. 901
2.	0. 106	52.	2. 762	2.	0. 979	52.	25. 454	300.	146. 852
3.	0. 159	53.	2. 815	3.	1. 469	53.	25. 944	400.	195. 802
4.	0. 212	54.	2. 868	4.	1. 958	54.	26. 433	500.	244. 753
5.	0. 266	55.	2. 921	5.	2. 448	55.	26. 923	600.	293. 704
6.	0. 319	56.	2. 974	6.	2. 937	56.	27. 412	700.	342. 654
7.	0. 372	57.	3. 028	7.	3. 427	57.	27. 902	800.	391. 605
8.	0. 425	58.	3. 081	8.	3. 916	58.	28. 391	900.	440. 555
9.	0. 478	59.	3. 134	9.	4. 406	59.	28. 881	1000.	489. 506
10.	0. 531	60.	3. 187	10.	4. 895	60.	29. 370	2000.	979. 012
11.	0. 584	61.	3. 240	11.	5. 385	61.	29. 860	3000.	1468. 518
12.	0. 637	62.	3. 293	12.	5. 874	62.	30. 349	4000.	1958. 023
13.	0. 690	63.	3. 346	13.	6. 364	63.	30. 839	5000.	2447. 529
14.	0. 744	64.	3. 399	14.	6. 853	64.	31. 328	6000.	2937. 035
15.	0. 797	65.	3. 452	15.	7. 343	65.	31. 818	7000.	3426. 541
16.	0. 850	66.	3. 506	16.	7. 832	66.	32. 307	8000.	3916. 047
17.	0. 903	67.	3. 559	17.	8. 322	67.	32. 797	9000.	4405. 553
18.	0. 956	68.	3. 612	18.	8. 811	68.	33. 286	10000.	4895. 058
19.	1. 009	69.	3. 665	19.	9. 301	69.	33. 776	20000.	9790. 012
20.	1. 062	70.	3. 718	20.	9. 790	70.	34. 265	30000.	14685. 176
21.	1. 115	71.	3. 771	21.	10. 280	71.	34. 755	40000.	19580. 234
22.	1. 169			22.	10. 769	72.	35. 244	50000.	24475. 293
23.	1. 222	GROS.		23.	11. 259	73.	35. 734	60000.	29370. 351
24.	1. 275	1.	3. 824	24.	11. 748	74.	36. 223	70000.	34265. 410
25.	1. 328	2.	7. 649	25.	12. 238	75.	36. 713	80000.	39160. 468
26.	1. 381	3.	11. 473	26.	12. 727	76.	37. 202	90000.	44055. 527
27.	1. 434	4.	15. 297	27.	13. 217	77.	37. 692	100000.	48950. 585
28.	1. 487	5.	19. 121	28.	13. 706	78.	38. 181		
29.	1. 540	6.	22. 946	29.	14. 196	79.	38. 671		
30.	1. 593	7.	26. 770	30.	14. 685	80.	39. 160		
31.	1. 647			31.	15. 175	81.	39. 650		
32.	1. 700	ONCES.		32.	15. 664	82.	40. 139		
33.	1. 753	1.	30. 594	33.	16. 154	83.	40. 629		
34.	1. 806	2.	61. 188	34.	16. 643	84.	41. 118		
35.	1. 859	3.	91. 782	35.	17. 133	85.	41. 608		
36.	1. 912	4.	122. 377	36.	17. 622	86.	42. 098		
37.	1. 965	5.	152. 971	37.	18. 112	87.	42. 587		
38.	2. 018	6.	183. 565	38.	18. 601	88.	43. 077		
39.	2. 071	7.	214. 159	39.	19. 091	89.	43. 566		
40.	2. 125	8.	244. 753	40.	19. 580	90.	44. 056		
41.	2. 178	9.	275. 347	41.	20. 070	91.	44. 545		
42.	2. 231	10.	305. 941	42.	20. 559	92.	45. 035		
43.	2. 284	11.	336. 535	43.	21. 049	93.	45. 524		
44.	2. 337	12.	367. 129	44.	21. 538	94.	46. 014		
45.	2. 390	13.	397. 724	45.	22. 028	95.	46. 503		
46.	2. 443	14.	428. 318	46.	22. 517	96.	46. 993		
47.	2. 496	15.	458. 912	47.	23. 007	97.	47. 482		
48.	2. 550	16.	489. 506	48.	23. 496	98.	47. 972		
49.	2. 603			49.	23. 986	99.	48. 461		
50.	2. 656			50.	24. 475	100.	48. 951		

D 2

POIDS.

N.° 2.

TABLE pour réduire les Poids nouveaux en Poids anciens.

	KILOGRAMMES.				CENTIÈMES.					KILOGRAMMES.				CENTIÈMES.			
	Livres.	Onc.	Gros.	Grains.	Livres.	Onc.	Gros.	Grains.		Livres.	Onc.	Gros.	Grains.	Livres.	Onc.	Gros.	Grains.
1.	2	0	5	35	0	0	2	44	41.	83	12	1	1	0	13	3	15
2.	4	1	2	70	0	0	5	17	42.	85	12	6	36	0	13	5	59
3.	6	2	0	33	0	0	7	61	43.	87	13	3	71	0	14	0	32
4.	8	2	5	69	0	1	2	33	44.	89	14	1	35	0	14	3	4
5.	10	3	3	32	0	1	5	5	45.	91	14	6	70	0	14	5	48
6.	12	4	0	67	0	1	7	50	46.	93	15	4	33	0	15	0	20
7.	14	4	6	30	0	2	2	22	47.	96	0	1	68	0	15	2	65
8.	16	5	3	65	0	2	4	66	48.	98	0	7	31	0	15	5	37
9.	18	6	1	28	0	2	7	38	49.	100	1	4	66	1	0	0	9
10.	20	6	6	64	0	3	2	11	50.	102	2	2	30	1	0	2	54
11.	22	7	4	27	0	3	4	55	51.	104	2	7	65	1	0	5	26
12.	24	8	1	62	0	3	7	27	52.	106	3	5	28	1	0	7	70
13.	26	8	7	25	0	4	2	0	53.	108	4	2	63	1	1	2	42
14.	28	9	4	60	0	4	4	44	54.	110	5	0	26	1	1	5	15
15.	30	10	2	23	0	4	7	16	55.	112	5	5	61	1	1	7	59
16.	32	10	7	58	0	5	1	60	56.	114	6	3	24	1	2	2	31
17.	34	11	5	22	0	5	4	33	57.	116	7	0	60	1	2	5	3
18.	36	12	2	57	0	5	7	5	58.	118	7	6	23	1	2	7	48
19.	38	13	0	20	0	6	1	49	59.	120	8	3	58	1	3	2	20
20.	40	13	5	55	0	6	4	21	60.	122	9	1	21	1	3	4	64
21.	42	14	3	18	0	6	6	66	61.	124	9	6	56	1	3	7	37
22.	44	15	0	53	0	7	1	38	62.	126	10	4	19	1	4	2	9
23.	46	15	6	16	0	7	4	10	63.	128	11	1	54	1	4	4	53
24.	49	0	3	52	0	7	6	55	64.	130	11	7	18	1	4	7	25
25.	51	1	1	15	0	8	1	27	65.	132	12	4	53	1	5	1	70
26.	53	1	6	50	0	8	3	71	66.	134	13	2	16	1	5	4	42
27.	55	2	4	13	0	8	6	43	67.	136	13	7	51	1	5	7	14
28.	57	3	1	48	0	9	1	16	68.	138	14	5	14	1	6	1	58
29.	59	3	7	11	0	9	3	60	69.	140	15	2	49	1	6	4	31
30.	61	4	4	47	0	9	6	32	70.	143	0	0	13	1	6	7	3
31.	63	5	2	10	0	10	1	4	71.	145	0	5	48	1	7	1	47
32.	65	5	7	45	0	10	3	49	72.	147	1	3	11	1	7	4	20
33.	67	6	5	8	0	10	6	21	73.	149	2	0	46	1	7	6	64
34.	69	7	2	43	0	11	0	65	74.	151	2	6	9	1	8	1	36
35.	71	8	0	6	0	11	3	38	75.	153	3	3	44	1	8	4	8
36.	73	8	5	41	0	11	6	10	76.	155	4	1	7	1	8	6	53
37.	75	9	3	5	0	12	0	54	77.	157	4	6	43	1	9	1	25
38.	77	10	0	40	0	12	3	26	78.	159	5	4	6	1	9	3	69
39.	79	10	6	3	0	12	5	71	79.	161	6	1	41	1	9	6	41
40.	81	11	3	38	0	13	0	42	80.	163	6	7	4	1	10	1	14

Suite de la *TABLE pour réduire les Poids nouveaux en Poids anciens.*

	KILOGRAMMES.				CENTIÈMES.					KILOGRAMMES.				TABLE supplémentaire pour la réduction des Grammes ou millièmes de Kilogramme.			
	Livres.	Onc.	Gros.	Grains.	Livres.	Onc.	Gros.	Grains.		Livres.	Onc.	Gros.	Grains.				
81.	165..	7..	4..	39	1..	10..	3..	58	200.	408..	9..	1..	46	GRAMM.	Gros.	Grains.	Milliè.
82.	167..	8..	2..	2	1..	10..	6..	30	300.	612..	13..	6..	33				
83.	169..	8..	7..	37	1..	11..	1..	3	400.	817..	2..	3..	20	1.	0..	18..	827
84.	171..	9..	5..	1	1..	11..	3..	47	500.	1021..	7..	0..	7	2.	0..	37..	654
85.	173..	10..	2..	36	1..	11..	6..	19	600.	1225..	11..	4..	66	3.	0..	56..	481
86.	175..	10..	7..	71	1..	12..	0..	63	700.	1430..	0..	1..	53	4.	1..	3..	309
87.	177..	11..	5..	34	1..	12..	3..	36	800.	1634..	4..	6..	40	5.	1..	22..	136
88.	179..	12..	2..	69	1..	12..	6..	8	900.	1838..	9..	3..	27	6.	1..	40..	963
89.	181..	13..	0..	32	1..	13..	0..	52	1000.	2042..	14..	0..	14	7.	1..	59..	790
90.	183..	13..	5..	68	1..	13..	3..	24	2000.	4085..	12..	0..	28	8.	2..	6..	617
91.	185..	14..	3..	31	1..	13..	5..	69	3000.	6128..	10..	0..	42	9.	2..	25..	444
92.	187..	15..	0..	66	1..	14..	0..	41	4000.	8171..	8..	0..	56				
93.	189..	15..	6..	29	1..	14..	3..	13	5000.	10214..	6..	0..	70				
94.	192..	0..	3..	64	1..	14..	5..	58	6000.	12257..	4..	1..	12				
95.	194..	1..	1..	27	1..	15..	0..	30	7000.	14300..	2..	1..	26				
96.	196..	1..	6..	62	1..	15..	3..	2	8000.	16343..	0..	1..	40				
97.	198..	2..	4..	26	1..	15..	5..	46	9000.	18385..	14..	1..	54				
98.	200..	3..	1..	61	2..	0..	0..	19	10000.	20428..	12..	1..	68				
99.	202..	3..	7..	24	2..	0..	2..	63									
100.	204..	4..	4..	59	2..	0..	5..	35									

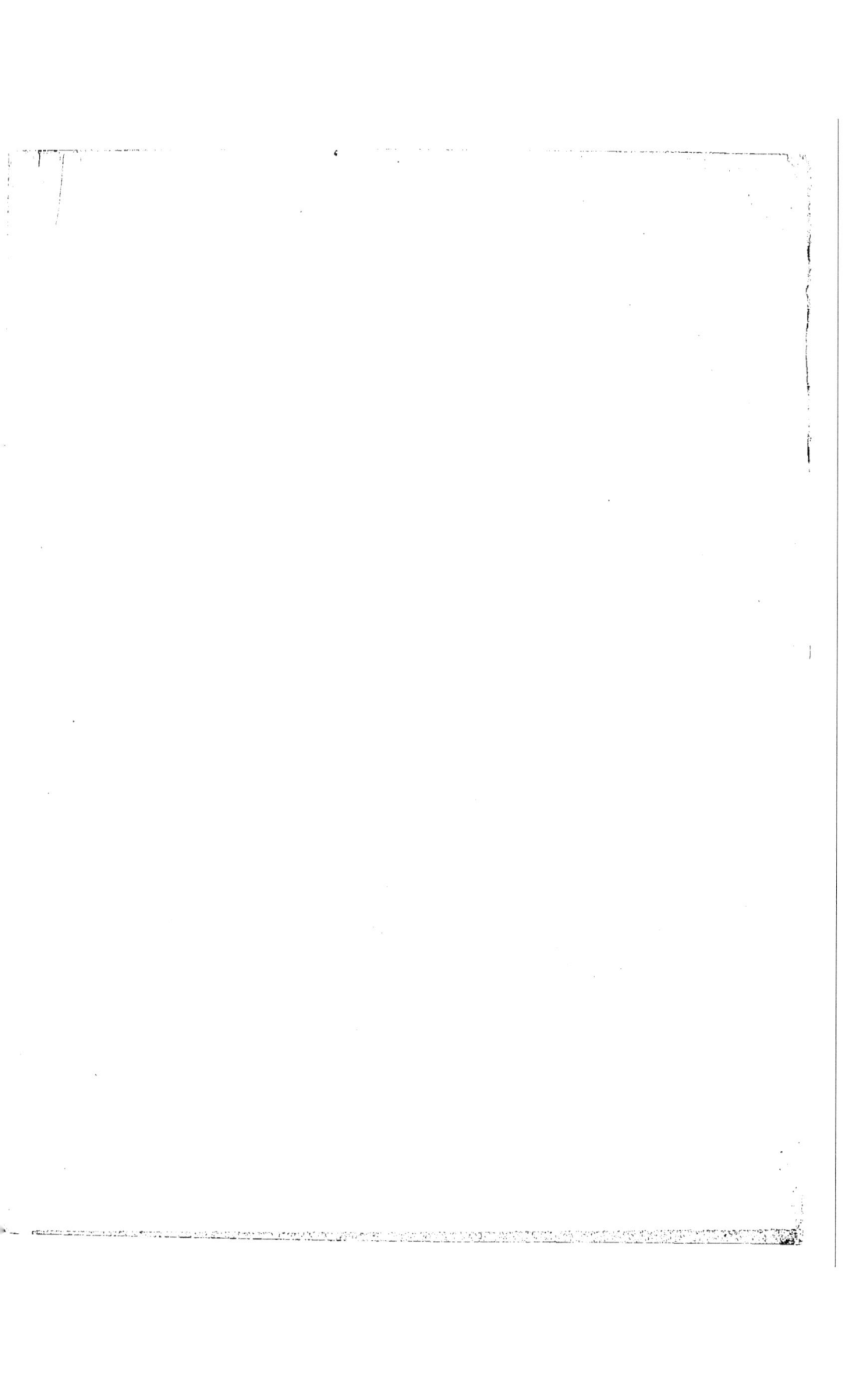